雷电颂

奇妙的自然现象丛书

QIMIAO DE ZIRAN XIANXIANG CONGSHU

流畅细致的文字 精美独特的插图 大方优雅的版面

本书编写组◎编

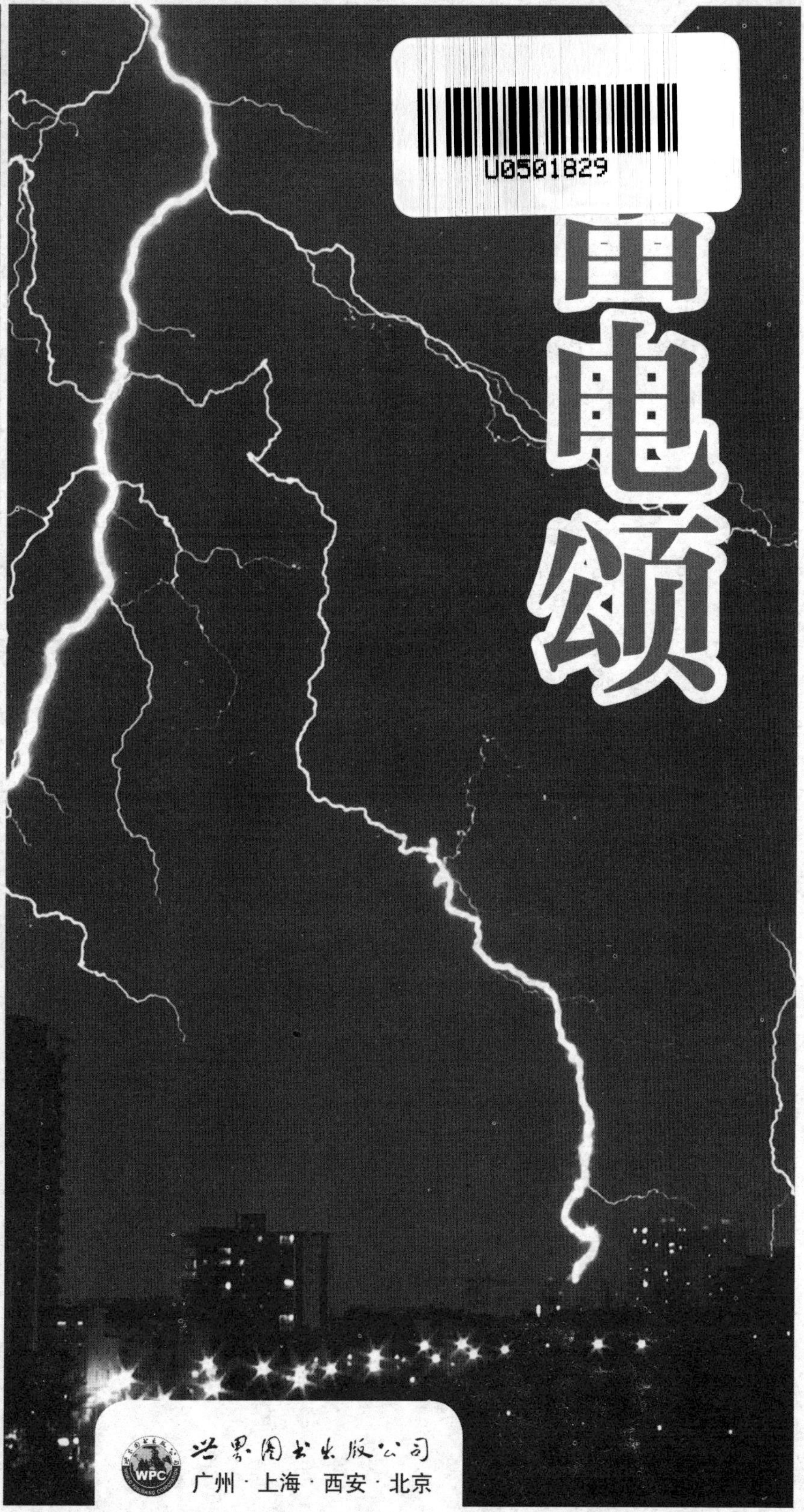

世界图书出版公司
广州·上海·西安·北京

图书在版编目（CIP）数据

雷电颂 /《雷电颂》编写组编．—广州 ：广东世界图书出版公司，2010. 7 （2021.11 重印）

ISBN 978 - 7 - 5100 - 2513 - 6

Ⅰ．①雷… Ⅱ．①雷… Ⅲ．①雷 - 普及读物②闪电 - 普及读物 Ⅳ．①P427. 32 - 49

中国版本图书馆 CIP 数据核字（2010）第 147981 号

书　　名	雷电颂 LEI DIAN SONG
编　　者	《雷电颂》编委会
责任编辑	韩海霞
装帧设计	三棵树设计工作组
责任技编	刘上锦　余坤泽
出版发行	世界图书出版有限公司　世界图书出版广东有限公司
地　　址	广州市海珠区新港西路大江冲 25 号
邮　　编	510300
电　　话	020-84451969　84453623
网　　址	http://www.gdst.com.cn
邮　　箱	wpc_gdst@163.com
经　　销	新华书店
印　　刷	三河市人民印务有限公司
开　　本	787mm×1092mm　1/16
印　　张	13
字　　数	160 千字
版　　次	2010 年 7 月第 1 版　2021 年 11 月第 6 次印刷
国际书号	ISBN　978-7-5100-2513-6
定　　价	38.80 元

序　言

地球上大气、海洋、陆地和冰冻圈构成了所有生物赖以生存的自然环境。自然现象，是在自然界中由于大自然的自身运动而自发形成的反应。

大自然包罗万象，千变万化。她用无形的巧手不知疲倦地绘制着一幅幅精致动人、色彩斑斓的巨画，使人心旷神怡。

就拿四季的自然更替来说，春天温暖，百花盛开，蝴蝶在花丛中翩翩起舞，孩子们在草坪上玩耍，到处都充满着活力；夏天炎热，葱绿的树木为人们遮阴避日，知了在树上不停地叫着。萤火虫在晚上发出绿色的光芒，装点着美丽的夏夜；秋天凉爽，叶子渐渐地变黄了，纷纷从树上飘落下来。果园里的果实成熟了，地里的庄稼也成熟了，农民不停地忙碌着；冬天寒冷，蜡梅绽放在枝头，青松依然挺拔。有些动物冬眠了，大自然显得宁静了好多。

再比如刮风下雨，电闪雷鸣，雪花飘飘，还有独特自然风光，等等。正是有这些奇妙的自然现象，才使大自然变得如此美丽。

大自然给人类的生存提供了宝贵而丰富的资源，同时也给人类带来了灾难。抗御自然灾害始终与人类社会的发展相伴随。因此，面对各类自然资源及自然灾害，不仅是人类开发利用资源的历史，而且是战胜各种自然灾害的历史，这是人类与自然相互依存与共存和发展的历史。正因如此，人类才得以生存、延续和发展。

人类在与自然接触的过程中发现，自然现象的发生有其自身的内在规律。

当人类认识并遵循自然规律办事时，其可以科学应对灾害，有效减轻自然灾害造成的损失，保障人的生命安全。比如，火山地震等现象不是时刻在发生。它是地球能量自然释放的现象。这个现象需要时间去积累。这也正是为什么火山口周围依然人群密集的原因。就像印度尼西亚地区的人们一样，他们会等到火山发泄完毕，又回到火山口下种植庄稼。这表明，人们已经认识到自然现象有相对稳定的一面，从而好好利用这一点。

当人类违背自然规律时，其必然受到大自然的惩罚。最近十年，人类对大自然的过度索取使得大自然面目全非。大自然开始疯狂的报复人类，比如冰川融化，全球变暖，空气污染，酸雨等，人类所处的地球正在经受着人类的摧残。

正确认识并研究自然现象，可以帮助人们把握自然界的内在规律，揭示宇宙奥秘。正确认识并研究自然现象，还可以改善人类行为，促进人们更好地按照规律办事。

本套丛书系统地向读者介绍了各种自然现象形成的原因、特点、规律、趣闻趣事，以及与人类生产生活的关系等内容，旨在使读者全方位、多角度地认识各种自然现象，丰富自然知识。

为了以后我们能更好的生活，我们必须去认识自然，适应自然，以及按照客观规律去改造自然。简单说，就是要把自然看作科学进军的一个方面。

contents

引 言

雷电是大家都遇到过、看到过的一种天气现象。雷属于大气声学现象，是大气中小区域强烈爆炸产生的冲击波形成的声波，而闪电则是大气中发生的火花放电现象。

雷电一般产生于对流发展旺盛的积雨云中，因此常伴有强烈的阵风和暴雨，有时还伴有冰雹和龙卷。积雨云顶部一般较高，可达 20 千米，云的上部常有冰晶。冰晶的附着、水滴的破碎以及空气对流等过程，使云中产生电荷。云中电荷的分布较复杂，但总体而言，云的上部以正电荷为主，下部以负电荷为主。因此，云的上下部之间形成一个电位差。当电位差达到一定程度后，就会产生放电，这就是我们常见的闪电现象。闪电的平均电流是 3 万安培，最大电流可达 30 万安培。闪电的电压很高，约为 1 亿 ~10 亿伏特。一个中等强度雷暴的功率可达 1000 万瓦，相当于一座小型核电站的输出功率。

放电过程中，由于闪电中温度骤增，使空气体积急剧膨胀，从而产生冲击波，导致强烈的雷鸣。带有电荷的雷云与地面的凸起物接近时，它们之间就发生激烈的放电。在雷电放电地点会出现强烈的闪光和爆炸的轰鸣声。这就是人们见到和听到的电闪雷鸣。

闪电和雷声是同时发生的，但它们在大气中传播的速度相差很大，光速度为 30 万千米/秒，而声音的速度为 340 米/秒，因此人们总是先看到闪电然后才听到雷声。

雷电常常会创造出一些让人瞠目结舌的“奇闻”来，比如，雷电引发火箭、雷电治顽症等等。这些奇妙的现象使人们对雷电充满无限的好奇，让人们愿意不懈地去研究它，揭示它特有的规律，从而控制并利用它，为人们谋福利。

尽管雷电有好的一面，但不可否认的是，自古以来，雷电灾害一直存在。

200 多年前，富兰克林发明避雷针以后，建筑物等设施已得到了一定的保护，人们认为可以防止雷害，对防雷问题有所松懈。但是随着近代高科技的发展，尤其是微电子技术的高速发展，雷电灾害越来越频繁，损失越来越大，原先的避雷针已无法保护建筑物、人和电器设备。

20 世纪 80 年代以后，雷灾出现新的特点。这主要是因为城乡多层及高层住宅增多，居民安装热水器、架设室外天线比较普遍，这些都会吸引落雷，从而使本身所在建筑及附近建筑遭到破坏。

另外，雷电波还可经配电线路及闭路电视、电话线、电脑网络线等线路侵入住宅，若不加以防范，会造成人员伤亡、家用电器的毁坏，以及火灾的发生。

最新统计资料表明，雷电造成的损失已经上升到自然灾害的第三位。现今，全球平均每年因雷电灾害造成的直接经济损失就超过 10 亿美元，死亡人数在 3000 人以上，这个统计没有包括中国。我国根据气象部门和劳动部门的估算，每年雷击伤亡人数均超过 1 万，其中死亡 3000 多人。

如果人们能够懂得一些防雷常识，并且做好雷灾来临时的应对工作，那么就可以在一定程度上减轻人身伤害、减少财产损失。

所以，看似普通的雷电其实有很多奥秘值得我们了解，就让我们一起进入雷电的世界，揭开它的神秘面纱！

第一章

雷电的奥秘

每到春末夏初，人们都能看到闪电，听到雷鸣。那么，什么是雷电？它是怎样产生的？它又有哪些特点呢？人们可以控制和利用雷电吗？……带着诸多对雷电的疑问，让我们开始本书的第一章，揭开雷电的神秘面纱。

一、前人对雷电的认识

在我国古代，民间流行一种说法，打雷是老天发怒时的吼声。有人从雷的威力想象出天上有一位雷公存在，雷公要惩罚恶人。有的占星术者把天上某一星座说成是主管雷雨的神，如轩辕星。还有人认为，雷声是雷车在不平坦的道路上行进时发出的震动声响，而闪电则是雷神在空中甩动的神鞭。

美洲人曾把雷电看成“上帝之火”。阿拉伯的《古兰经》中把霹雳说成是真主对人的不端行为的刑罚。这些迷信之说是人们对自然现象没有科学认识之前的产物。

与此相反，我国古代有一种对雷电较为科学的见解。早在战国时期，阴阳学说盛行，有人认为阴气和阳气运行不正常就产生了雷电。东汉王充在所著《虚雷篇》中断言，有关雷电的迷信是“虚妄之言”。他用阴阳五行学说来解释雷电现象：“正月阳动，故正月始雷。五月阴盛，故五月雷迅。秋冬阳衰，故秋冬雷潜”。他认为，阴阳接触产生“分争”，分争意即爆炸，爆炸就喷射。喷射中人，人就死了；中树，树就折断；中屋，屋就要倒塌。古代所谓的阴气和阳气相接触产生雷电的说法与现代所说的正电和负电产生雷电的说法相当接近。

明代刘基说得更为明确：“雷者，天气之郁而激而发也。阳气困于阴，必迫，迫极而迸，迸而声为雷，光为电。”可见，当时已有人认识到雷电是同一自然现象的不同表现。

我国古人还通过仔细观察，准确地记述了雷电对不同物质的作用。《南齐书》中有对雷击的详细记述："雷震会稽山阴恒山保林寺，刹上四破，电火烧塔下佛面，而窗户不异也。"即强大的放电电流通过佛面的金属膜，全属被融化。而窗户为木制，仍保持原样。宋代沈括也描写过雷电的自然效应。他在《梦溪笔谈》卷20中记载了一例："内侍李舜举家曾为暴雷所震。其堂屋之西室，雷火自窗间出，赫然出檐。人以为堂屋已焚，皆出避之，及雷止，其舍宛然，墙壁窗纸皆黔（黑）。有一木格，其中杂储诸器，其漆器银扣者，银悉熔流在地，漆器曾不焦灼。有一宝刀极坚钢，就刀室中熔为汁，而室亦俨然。"按所记，易燃物没焚而金属物熔化，这确实不可思议，但沈括并没有归结到超自然原因，意思是说不能仅根据日常生活常识来寻解，自然界未知的事情尚多。

总之，我国古代对雷电现象有很丰富的记载，尽管都偏重于观察、说明和解释现象，在用实验来证明自己的看法方面无杰出建树。但是，这些思想中的反迷信因素和科学成分对后世产生了深刻的影响。

18世纪，在西方，人们对静电现象的研究已从定性观察向定量计算方面发展。先后有人发明了摩擦起电机和贮存电荷的莱顿瓶。美国科学家富兰克林用莱顿瓶做的第一个重要工作，是发现了两种不同符号的电荷，并起名为"正电"和"负电"。他的另一个重要工作是统一了"天电"和"地电"。

在富兰克林对雷电进行研究以前，不少科学家认为雷电可能是电的现象，但是，他们并没有进一步去探讨。富兰克林为了研究雷电和电火花的一致性，做了大量实验。1749年，他在大量实验的基础上证明了雷电和电火花具有同样的特征：都是瞬时的，有相似的光和声响，都能燃着物体、熔解金属、流过导体，都有硫磺气味，都能杀死生物。还证明了雷电和电火花都有能被物体的尖端吸引的特性。

富兰克林在捕捉雷电

为了进一步确定雷雨云中的电（天电）与实验室中的电火花（地电）确实具有相同的性质，富兰克林设计了一个捕捉“天电”的实验。在一间岗亭内，放置一个绝缘台，台的一侧支起一根铁棒，伸到屋外，竖起6~9米高，其顶端呈尖形。当低空雷雨云飘过时，站在绝缘台上手握铁棒的人就能带电，并有电火花从手指尖放出。为了避免发生危险，他又设计了另一个实验。一人站在岗亭内地板上，手握的棒端是一块蜡，一根接地导线的上端被固定在这块蜡上，当导线尖端靠近铁棒时，会放出电火花。电火花通过导线流入地下，不会伤及人。

1752年5月，在法国巴黎近郊，德里巴尔德第一个成功地完成了富兰克林设计的实验。在雷暴期间，电火花在铁棒与接地导线尖端之间出现了，这一现象充分证明雷雨云带电。不久之后，这项实验先后在法国、英国和比利时重复，都获得了成功。

富兰克林的风筝实验

1752年7月的一个雷雨天，富兰克林放了一只用丝绸制作的风筝，风筝线是导电的铁丝，下端栓一把钥匙，钥匙塞在莱顿瓶中间。风筝线末端接一根绝缘的丝线，他和他儿子一起握住丝线将这只风筝放飞到天空中。这时，一阵雷电打下来。只见电火花从钥匙上迅速跳到他的手关节上，他顿时感到一阵麻木。在闪电发生的同时，与风筝线相连的莱顿瓶中出现了激烈的火花，雷电通过风筝线传入了莱顿瓶。“天电”终于被他捉下来了。经实验，富兰克林发现这种“天电”与摩擦起电机产生的电完全相同。1752 年 10 月，他发表了实验结果，非常明确地指出“雷就是电”。

然而，富兰克林所做的这个实验是很危险的。例如，1753 年 7 月，俄国物理学家李赫曼教授在对雷电现象做研究实验时，就被一个闪电击毙，为了人类的科学事业献出了生命。

二、闪电的过程

如果我们在两根电极之间加很高的电压，并把它们慢慢地靠近，当两根电极靠近到一定的距离时，在它们之间就会出现电火花，这就是所谓“弧光放电”现象。雷雨云所产生的闪电，与上面所说的弧光放电非常相似，只不过闪电是转瞬即逝，而电极之间的火花却可以长时间存在。因为在两根电极之间的高电压可以人为地维持很久，而雷雨云中的电荷经放电后很难马上补充。当聚集的电荷达到一定数量时，在云内不同部位之间或者云与地面之间就形成了很强的电场。电场强度平均可以达到几千伏特/厘米，局部区域可以高达 1 万伏特/厘米。这么强的电场，足以把云内外的大气层击穿，于是在云与地面之间或者在云的不同部位之间以及不同云块之间激发出耀眼的闪光。这就是人们常说的闪电。

被人们研究得比较详细的是线状闪电，我们就以它为例来讲述。闪电是大气中脉冲式的放电现象。一次闪电由多次放电脉冲

线状闪电

组成，这些脉冲之间的间歇时间都很短，只有百分之几秒。脉冲一个接着一个，后面的脉冲就沿着第一个脉冲的通道行进。现在已经研究清楚，每一个放电脉冲都由一个“先导”和一个“回击”构成。第一个放电脉冲在爆发之前，有一个准备阶段——“阶梯先导”放电过程：在强电场的推动下，云中的自由电荷很快地向地面移动。在运动过程中，电子与空气分子发生碰撞，致使空气轻度电离并发出微光。第一次放电脉冲的先导是逐级向下传播的，像一条发光的舌头。开头，这发光的“舌头”只有十几米长，经过千分之几秒甚至更短的时间，“光舌”便消失；然后就在这同一条通道上，又出现一条较长的“光舌”（约30米长），转瞬之间它又消失；接着再出现更长的“光舌”……“光舌”采取“蚕食”方式步步向地面逼近。经过多次放电——消失的过程之后，“光舌”终于到达地面。因为这第一个放电脉冲的先导是一个阶梯一个阶梯地从云中向地面传播的，所以叫做“阶梯先导”。在“光舌”行进的通道上，空气已被强烈地电离，它的导电能力大为增加。空气连续电离的过程只发生在一条很狭窄的通道中，所以电流强度很大。

城市中的闪电

当第一个先导即阶梯先导到达地面后，立即从地面经过已经高度电离了的空气通道向云中流去大量的电荷。这股电流是如此之强，以至于空气通道被烧得白炽耀眼，出现一条弯弯曲曲的细长光柱。这个阶段叫做“回击”阶段，也叫“主放电”阶段。阶梯先导加上第一次回击，就构成了第一次脉冲放电的全过程，其持续时间只有 0.01/100 秒。

第一个脉冲放电过程结束之后，只隔一段极其短暂的时间(0.04/100 秒)，又发生第二次脉冲放电过程。第二个脉冲也是从先导开始，到回击结束。但由于经第一个脉冲放电后，“坚冰已经打破，航线已经开通”，所以第二个脉冲的先导就不再逐级向下，而是从云中直接到达地面。这种先导叫做“直窜先导”。直窜先导到达地面后，约经过千分之几秒的时间，就发生第二次回击，而结束第二个脉冲放电过程。紧接着再发生第三个、第四个……直窜先导和回击，完成多次脉冲放电过程。由于每一次脉冲放电都要大量地消耗雷雨云中累积的电荷，因而以后的主放电过程就愈来愈弱，直到雷雨云中的电荷储备消耗殆尽，脉冲放电方能停止，从而结束一次闪电过程。

三、闪电的成因

雷暴时的大气电场与晴天时有明显的差异，产生这种差异的原因，是雷雨云中有电荷的累积并形成雷雨云的极性，由此产生闪电而造成大气电场的巨大变化。但是雷雨云的电是怎么来的呢？也就是说，雷雨云中有哪些物理过程导致了它的起电？为什么雷雨云中能够累积那么多的电荷并形成有规律的分布？科学家们对雷雨云的起电机制及电荷有规律的分布，进行了大量的观测和实验，积累了许多资料并提出了各种各样的解释，有些论点至今也还有争论。归纳起来，云的起电机制主要有如下几种：

壮观的雷雨云

1. 对流云初始阶段的“离子流”假说

大气中总是存在着大量的正离子和负离子，在云中的水滴上，电荷分布是不均匀的：最外边的分子带负电，里层带正电，内层与外层的电位差约高0.25伏特。为了平衡这个电位差，水滴必须“优先”吸收大气中的负离子，这样就使水滴逐渐带上了负电荷。当对流发展开始时，较轻的正离子逐渐被上升气流带到云的上部；而带负电的云滴因为比较重，就留在下部，造成了正负电荷的分离。

2. 冷云的电荷积累

当对流发展到一定阶段，云体伸入0℃层以上的高度后，云中就有了过冷水滴、霰粒和冰晶等。这种由不同形态的水汽凝结物组成且温度低于0℃的云，叫冷云。冷云的电荷形成和积累过程有如下几种：

(1) 冰晶与霰粒的摩擦碰撞起电

霰粒是由冻结水滴组成的，呈白色或乳白色，结构比较松脆。由于经常有过冷水滴与它撞冻并释放出潜热，故它的温度一般要比冰晶来得高。在冰晶中含有一定量的自由离子（OH^-或OH^+），离子数随温度升高而增多。由于霰粒与冰晶接触部分存在着温差，高温端的自由离子必然要多于低温端，因而离子必然从高温端向低温端迁移。离子迁移时，较轻的带正电的氢离子速度较快，而带负电的较重的氢氧离子（OH^-）则较慢。因此，在一定时间内就出现了冷端H^+离子过剩的现象，造成了高温端为负，低温端为正的电极化。当冰晶与霰粒接触后又分离时，温度较高的霰粒就带上负电，而温度较低的冰晶则带正电。在重力和上升气流的作用下，较轻的带正电的冰晶集中到云的上部，较重的带负电的霰粒则停留在云的下部，因而造成了冷云的上部带正电而下部带负电。

（2）过冷水滴在霰粒上撞冻起电

在云层中有许多水滴在温度低于0℃时仍不冻结，这种水滴叫过冷水滴。过冷水滴是不稳定的，只要它们被轻轻地震动一下，马上就会冻结成冰粒。当过冷水滴与霰粒碰撞时，会立即冻结，这叫撞冻。当发生撞冻时，过冷水滴的外部立即冻成冰壳，但它内部仍暂时保持着液态，并且由于外部冻结释放的潜热传到内部，其内部液态过冷水的温度比外面的冰壳来得高。温度的差异使得冻结的过冷水滴外部带正电，内部带负电。当内部也发生冻结时，云滴就膨胀分裂，外表皮破裂成许多带正电的小冰屑，随气流飞到云的上部，带负电的冻滴核心部分则附在较重的霰粒上，使霰粒带负电并停留在云的中、下部。

3. 水滴因含有稀薄的盐分而起电

除了上述冷云的两种起电机制外，还有人提出了由于大气中的水滴含有稀薄的盐分而产生的起电机制。当云滴冻结时，冰的晶格中可以容纳负的氯离子（Cl^-），却排斥正的钠离子（Na^+）。因此，水滴已冻结的部分就带负电，而未冻结的外表面则带正电（水滴冻结时，是从里向外进行的）。由水滴冻结而成的霰粒在下落过程中，摔掉表面还来不及冻结的水分，形成许多带正电的小云滴，而已冻结的核心部分则带负电。由于重力和气流的分选作用，带正电的小滴被带到云的上部，而带负电的霰粒则停留在云的中、下部。

闪 电

4. 暖云的电荷积累

上面讲了一些冷云起电的主要机制。在热带地区，有一些云整个云体都位于0℃以上区域，因而只含有水滴而没有固态水粒子。这种云叫做暖云或“水云”。暖云也会出现雷电现象。在中纬度地区的雷暴云，云体位于0℃等温线以下的部分，就是云的暖区。在云的暖区里也有起电过程发生。

在雷雨云的发展过程中，上述各种机制在不同发展阶段可能分别起作用。但是，最主要的起电机制还是由于水滴冻结造成的。大量观测事实表明，只有当云顶呈现纤维状丝缕结构时，云才发展成雷雨云。飞机观测也发现，雷雨云中存在以冰、雪晶和霰粒为主的大量云粒子，而且大量电荷的累积即雷雨云迅猛的起电机制，必须依靠霰粒生长过程中的碰撞、撞冻和摩擦等才能发生。

四、奇形怪状的闪电

闪电的形状有好几种：最常见的有线状（或枝状）闪电和片状闪电，球状闪电是一种十分罕见的闪电形状。如果仔细区分，还可以划分出带状闪电、联珠状闪电和火箭状闪电等形状。

线状闪电，像一棵多枝杈的树木倒挂在空中，呈白色、粉红色或浅蓝色，非常明亮。线状闪电一般先由一个很暗的先导闪击开始，沿一条路径一步一步地向地面延伸，这叫“逐级向下先导闪电”。也有一些先导闪电在向下延伸的过程中，急匆匆一路向下，不作停顿，这叫“直窜先导闪电”。主闪击跟在先导闪电后面，主闪击的后面是一系列放电过程，即一系列火花放电。一个放电过程有 20 多次放电，放电时间约半分钟，释放的电流在 1 万 ~10 万安培。如果用这些电流来照明，可使 5 万 ~50 万只 40 瓦的电灯同时发光；如果把 10 万安培电流全部转换成热量，其放电路径上几十厘米直径的空气将被迅速加热到 1 万 ~2 万摄氏度的高温！

在线状闪电之后，天空有时会突然出现强雷雨天气。

带状闪电与线状闪电类似，蜿蜒曲折，从云底伸向地面，只是闪电通道的宽度达十几米，比线状闪电宽几百倍，看上去像一条光带。带状闪电的成因并不复杂，它与大气中风速的分布有关。粗看起来线状闪电只是一次放电过程，其实不然，每一次闪电均由多次闪击组成，而每一次闪击又由发光微弱的闪电先导和极为光亮的闪电回击组成。通常，一次闪电回击的时间只有几十微秒，而一次闪电的持续时间也不到1/10秒。由于人眼的视觉暂留效应，仅靠肉眼是无法分辨这些细微结构的。根据闪电的高速照相记录，一次闪电最多可由50多次闪击组成。当发生由多次闪击组成的云地间线状闪电时，若在闪电通道所经过的整层大气中，存在上下均匀且强劲的横向风时就有可能使每次闪击通道的位置横向平移，从而依次相叠而形成一条很宽的闪电通道，有时亮带中还出现闪击间隙的暗纹，最终形成带状闪电。

球状闪电

球状闪电虽说是一种比较罕见的闪电，却最引人注目。它像一团火球，有时还像一朵发光的盛开着的“绣球”菊花。它约有人头那么大，偶尔也有直径为几米甚至几十米的。球状闪电有时候在空中慢慢地转悠，有时候又完全不动地悬在空中。它有时候发出白光，有时候又发出像流星一样的粉红色光。球状闪电“喜欢”钻洞，有时候，它可以从烟囱、窗户、门缝钻进屋内，在房子里转一圈后又溜走。球状闪电有时发出“嗞嗞”的声音，然后随着一声闷响而消失，有时又只发出微弱的噼啪声而不知不觉地消失。球状闪电消失以后，在空气中可能留下一些有臭味的气烟，有点像臭氧的味道。球状闪电的生命史不长，为几秒钟到几分钟。

澳大利亚昆士兰州居民拍摄到的球形闪电现象

关于球状闪电，有许多故事。

70 年前，苏联一支勘测队在西伯利亚勘测时遇到了一桩怪事：在一个月黑风高的夜晚，一个红色火球悄无声息地钻进勘测队员的帐篷，进入一个睡袋，在一名队员脸颊上“抚摸”一番后，悄悄钻出睡袋，“走”到帐篷外飞走了，这名队员当时被吓出了一身冷汗。

1962 年 7 月 2 日晚，我国著名风景区泰山顶上也出现了类似的火球。那是在一阵雷雨之后，一个直径约为 15 厘米的火球从玉皇顶西侧的窗缝里钻到室内，缓缓飞行，两三分钟后钻进烟囱，“轰”地一声炸开来，烟囱被炸去一半。被炸的烟囱证明，火球是客观存在的实体。

亚利桑那州上空的闪电

联珠状闪电像一长串佛珠般的发光点线从云底伸向地面。它通常出现在强烈的雷雨活动期间，常常紧跟在一次线状闪电之后在原闪电通道上出现。联珠状闪电一般较为暗淡，常呈殷红色，持续时间比线状闪电长得多，熄灭过程也比较缓慢。1916 年 5 月 8 日，一个联珠状的闪电落在德国德累斯顿市的一所临街房屋的钟楼上。人们先看到线状闪电从高约 300 米的云底击落在钟楼上，而后人们看见线状闪电的通道迅速变宽，颜色也由白色变为浅黄色。不久，闪电通道逐渐熄灭。但是，整个闪电通道上的光亮不是同时在一瞬间消失的，因此出现了一串珍珠似的亮点，从云底悬挂下来，十分美丽动人。亮珠的总数约 32 颗，直径约 5 米，形似蛋状。亮珠之间的连线依稀可见。之后，亮珠的直径逐渐缩小到 1 米，形状也更圆了。颜色变成了朱红色。最后，联珠状闪电的亮度越来越弱，终于完全熄灭。整个过程只有 2～3 秒。

火箭状闪电比其他各种闪电放电慢得多，它需要 1～1.5 秒钟时间才能放电完毕，可以用肉眼很容易地跟踪观测它的活动。

五、奇异的黑色闪电

1974 年 9 月 21 日，苏联天文学家恰尔诺夫与另外两位调查人员到野外勘测陨星坑。下午 6 时左右，忽然从不远处传来阵阵轰隆隆的雷鸣声。恰尔诺夫抬头看看天空，整个天空像一幅一望无际的灰色幕布，就在这灰色天幕上不断地出现闪电，先是一道耀眼的蓝光冲破天幕，紧接着轰隆隆一声响雷。恰尔诺夫听了这阵阵沉闷的雷声，知道一场大雨即将到来，便招呼同事赶紧躲进附近一幢房屋。正当他们跨进房子时，狂风暴雨铺天盖地袭来。就在他们庆幸及时躲过这场暴风雨，避免了落汤鸡之苦的时候，在他们头顶的上空，又是一阵阵的霹雳声响起。就在这阵阵霹雳声中，恰尔诺夫清晰地看到一种十分罕见的闪电——黑色闪电。

黑色闪电是一种较为罕见的自然现象。科学家研究认为：黑色闪电是由分子气溶胶聚集物产生出来的。分子气溶胶的大量聚集是由太阳辐射、云中电场、宇宙射线、球状闪电等对空气长期作用的结果。当然，也有其他物理和化学因素的影响。

在上述因素的作用下，大气中生成了无数带有正、负电荷的离子和气溶胶的活跃粒子。在一定条件下，这些粒子会聚成分子气溶状物，凑合在一起的某些化学活跃分子充当“催生剂”，引起聚集物的燃烧或爆炸，生成黑色闪电，且多呈球状。

黑色闪电一般不易出现在近地层，如果出现了，则较容易撞上树木、桅杆、房屋和其他金属，一般呈瘤状或泥团状，初看似

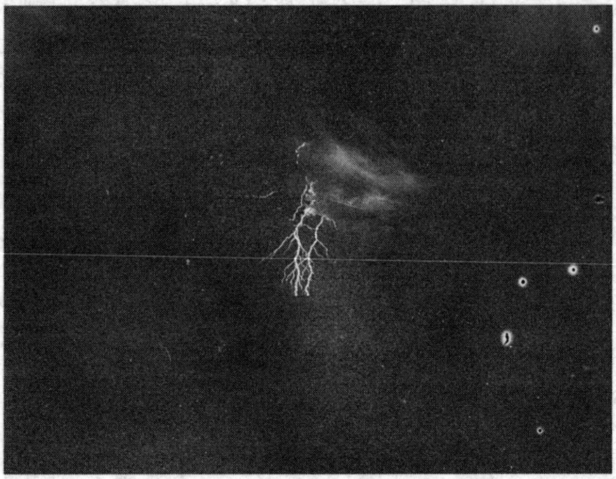

黑色闪电

一团脏东西，极容易被人们忽视，而它本身却载有大量的能量，所以，它是“闪电族”中危险性和危害性均较大的一种。尤其是，黑色闪电体积较小，雷达难以捕捉；而且，它对金属物极为“青睐”，被飞行人员称作“空中暗雷”。飞机在飞行过程中，倘若触及黑色闪电，后果将不堪设想。而每当黑色闪电距离地面较近时，又容易被人们误认为是一只飞鸟或其他什么东西，不易引起人们的警惕和注意；如若用棍物击打触及，则会迅速发生爆炸，有使人粉身碎骨的危险。黑色闪电和球状闪电相似，一般的避雷设施如避雷针、避雷球、避雷网等，对黑色闪电起不到防护作用；因此它常常极为顺利地到达防雷措施极为严密的储油罐、储气罐、变压器、炸药库的附近。此时此刻，千万不能接近它。应当避而远之，以人身安全为要。

六、雷鸣产生的过程

伴随闪电而来的，是隆隆的雷声。听起来，雷声可以分为两种。一种是清脆响亮，像爆炸声一样的雷声，一般叫做“炸雷”；另一种是沉闷的轰隆声，有人叫它做“闷雷”。还有一种低沉而经久不歇的隆隆声，有点儿像推磨时发出的声响。人们常把它叫做“拉磨雷”，实际上是闷雷的一种形式。

闪电通路中的空气突然剧烈增热，使它的温度高达1.5万~2万摄氏度，因而造成空气急剧膨胀，通道附近的气压可增至100个大气压以上。紧接着，又发生迅速冷却，空气很快收缩，压力减低。这一骤胀骤缩都发生在千分之几秒的短暂时间内，所以在闪电爆发的一刹那间，会产生冲击波。冲击波以5000米/秒的速度向四面八方传播，在传播过程中，它的能量很快衰减，而波长则逐渐增长。在闪电发生后0.1~0.3秒，冲击波就演变成声波，这就是我们听见的雷声。

还有一种说法，认为雷鸣是在高压电火花的作用下，由于空气和水汽分子分解而形成的爆炸瓦斯发生爆炸时所产生的声音。雷鸣的声音在最初的十分之几秒时间内，跟爆炸声波相同。这种爆炸波扩散的速度约为5000米/秒，在之后0.1~0.3秒，它就演变为普通声波。

人们常说的炸雷，一般是距观测者很近的云对地闪电所发出的声音。在这种情况下，观测者在见到闪电之后，几乎立即就听到雷声，有时甚至在闪电同时即听见雷声。因为闪电就在观测者

天空电闪雷鸣

附近，它所产生的爆炸波还来不及演变成普通声波，所以听起来犹如爆炸声一般。

如果云中闪电时，雷声在云里面多次反射，在爆炸波分解时，又产生许多频率不同的声波，它们互相干扰，使人们听起来感到声音沉闷，这就是我们听到的闷雷。一般说来，闷雷的响度比炸雷来得小，也没有炸雷那么吓人。

拉磨雷是长时间的闷雷。雷声拖长的原因主要是声波在云内的多次反射以及远近高低不同的多次闪电所产生的效果。此外声波遇到山峰、建筑物或地面时，也产生反射。有的声波要经过多次反射。这多次反射有可能在很短的时间间隔内先后传入我们的耳朵。这时，我们听起来，就觉得雷声沉闷而悠长，有如拉磨之感。

七、可怕的雷暴

雷暴是由发展旺盛的积雨云引起闪电、雷鸣现象的局地风暴。雷暴的水平范围为几千米到几十千米，伸向高空的高度可达15千米，可持续几分钟到几十分钟，通常伴有阵雨、大风，有时也伴有冰雹和龙卷风。雷暴能变幻出各种神秘莫测的怪异景象。排列整齐的一队羊群，雷电可能有规律地间隔击毙其中的一部分。

全球从南纬60°到北纬80°都有雷暴活动，热带最多，温带地区一年四季都会出现，并在春夏最多。另外，从雷暴的分布来看，陆地多于海洋，陆地雷暴多出现在午后，海洋中多发生在暖海流水域上空，并在夜间居多。我国沿海雷暴以海南岛最多，平均每年出现100多天。城市的发展，建筑物和家电的增加，使雷电越来越多。根据上海市气象部门统计，上海市20世纪70年代以来平均雷暴日达50天，比起30年前上升了30个百分点，属于多雷地区。

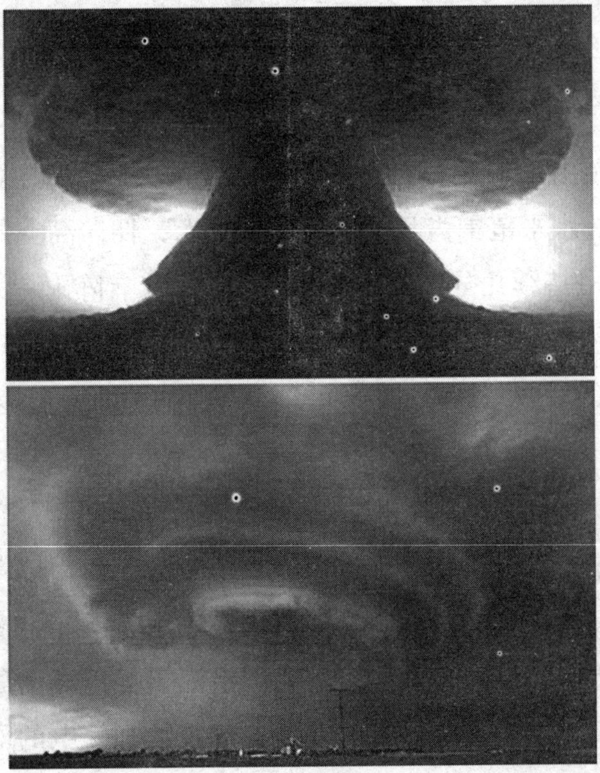

超级雷暴

雷暴的能量很大，千分之几秒到十分之几秒的雷电放出的电能，可能达数十亿到上千亿瓦特，温度为 1 万 ~2 万℃。当然雷暴也能造福于人类，比如它能给地球带来大量雨水，受雷击的空气每年能产生数亿吨氮肥，随雨水渗入土地，等等。

八、雷电的过与功

雷电是一种危害很大的天气现象，它除了污染空气外，还能直接给人类生命财产带来巨大损失。1989 年 8 月中旬，青岛黄岛油库突然起火，4 万多吨原油毁之一炬，几十人在烈火中丧生，这一令国人震惊的灾害事件，其罪魁祸首竟是雷电。

2007 年 6 月下旬，我国皖南某地遭遇雷击，“哗啦”一声巨响，几个生产队的家用电器全部被烧毁，彩电、冰箱、空调无一幸免。雷电伤人的事也时有所闻，不仅在室外作业的人容易遭雷击，就是呆在家里也难确保无虞。不时有这样的报道：一名妇女在洗澡时不幸被雷击中，死于浴室内；一名学生在灯下读书时被雷击中，不治身亡。

雷击造成物毁人亡的例子不胜枚举。全球每年死于雷电的民众数以千计，牲畜不计其数。雷电袭击建筑物和公共设施的报道更是屡见不鲜。全球每年由雷电造成的经济损失是一个巨大的天文数字。仅在美国，平均一年中就有 100 人死于雷电，受伤者更多达数百人，财产损失达数百万美元。

森林是生态平衡的保护者，在森林资源屡遭破坏的今天，森林雷击火灾也是重要因素之一。据我国林业部门统计，在每年数以万计的森林火灾中，由雷击引起的占 2.1%。比例虽小，但损失惨重，据估计，一次雷击森林火灾，少则烧毁森林几百公顷，多则成千上万公顷，生态破坏和经济损失是相当严重的。

雷电常破坏高压输电系统，造成停电事故，使工业濒临瘫痪。1997 年 7 月 13 日晚上 20 点 30 分左右，人口近 1000 万的美国纽约市遭到雷电袭击，5 条负荷 34.5 万伏的电缆全被闪电切断，其他线路也因负荷剧增而自行中断，整个现代化城市陷入一片黑暗和混乱之中，停电持续了 26 小时之久，工厂停工，商店

2005 年 7 月 27 日 17 时，内蒙古大兴安岭北部乌玛原始林区阿里亚林场发生雷击火灾，火势较强

关门，机场封闭，歹徒伺机打劫，损失十分惨重。

雷电产生的静电场突变和电磁辐射，会干扰电视电话通讯，甚至使通讯暂时中断。铁路上的自动信号装置、导弹的遥控设备等，都会因雷电的静电场和辐射场的影响而完全失灵。

尤其可怕的是，雷电对航空航天和军事的影响。飞行离不开气象条件做保障。飞机穿越雷雨区一般是很危险的。即使是一般的降水，也有可能遭雷击。1969 年“阿波罗－12”号载人飞船发射期间，闪电将飞船上至关重要的电子设备击坏了，所幸宇航员的安全没有受到威胁。1987 年 3 月 26 日，一颗研究闪电的卫星受到闪电袭击后，闪电电流显著地改变了存贮在飞行控制系统里的数据，短暂的脉冲干扰产生了严重的偏航指令，造成巨大的动态负荷，最后毁坏了运载工具。

1987 年，美国科学家准备在沃尔洛普岛发射 2 枚探空火箭，但由于雷电的直接影响，探空火箭不得不提前发射。

日本轻型“马特”反坦克导弹

1984 年 6 月上旬的一天，日本警视厅科研人员在进行有线制导的“马特”反坦克导弹射击时，有一枚导弹在接近 1.5 千米远的靶子之前，因导弹进入云层被雷电击中，而当场落地坠毁，隐蔽在地下室的 5 名操作人员，被沿着导线传播的由雷电引起的高压脉冲击倒，全部受到不同程度的烧伤。

纵然雷电残暴之极，干尽毁物伤人之事，但它也有“赐恩”于人类的时候。那么，它的主要功绩有哪些呢？

雷电很重要的功绩是制造化肥。雷电过程离不了闪电，闪电的温度是极高的，一般在 3 万℃以上，是太阳表面温度的 5 倍！闪电还造成高压。在高温高压条件下，空气分子会发生电离，等它们重新结合时，其中的氮和氧就会化合为亚硝酸盐和硝酸盐分子，并溶解在雨水中降落地面，成为天然氮肥。据测算，全球每年仅因雷电落到地面的氮肥就有 4 亿吨。如果这些氮肥全部落到陆地上，等于每亩地面施了约 2 千克氮素，相当于 10 千克硫酸铵。

雨后的植物

雷电还能促进生物生长。雷电发生时，地面和天空间电场强度可达到每厘米万伏以上，受这样强大的电位差影响，植物的光合作用和呼吸作用增强，因此，雷雨后1～2天内植物生长和新陈代谢特别旺盛。有人用闪电刺激作物，发现豌豆提早分枝，而且分枝数目增多，开花期也早了半个月；玉米抽穗提早了7天；而白菜增产了15%～20%。不仅如此，如果作物生长期能遇上五六场雷雨，其成熟期也将提前1星期左右。

雷电能制造臭氧。雷鸣电闪时，强烈的光化学作用，还会促使空气中的一部分氧气发生反应，生成具有漂白和杀菌作用的臭氧。臭氧是地球上生物的保护伞，它可以吸收大部分危害生命的紫外线，使生物免遭伤害。空气中少量的臭氧，可以起到消毒杀菌、净化空气的作用。臭氧一般仅存在于高层大气中，但雷雨后，低空也会有微量的臭氧，使得空气格外清新。

雷电是一种无污染的能源。雷电一次放电能达1亿~10亿焦耳。中国成语中就有“雷霆万钧”一词（霆：劈雷；钧：古代的重量单位，合当时30斤）。利用这种巨大的冲击力，可以夯实松软的基地，从而为建筑工程节省大量的能源。根据高频感应加热原理，利用雷电产生的高温，可使岩石内的水分膨胀，达到破碎岩石、开采矿石之目的。

雷电能治病。每场雷雨过后，空气中的气体分子在雷电场的作用下，会分离出带负电的负氧离子。研究人员测试表明，雷雨过后，每立方厘米空气中的负氧离子可达1万余个，而晴天里的闹市区，负氧离子仅几十个。实验表明，被称作“空气的维生素”的负氧离子，对人体健康很有利。医疗专家模拟雷雨的神奇作用，将负氧离子引入病房，结果发现，当室内空气中的负氧离子与正离子的比例调控在9∶1之时，对气喘、烧伤、溃疡以及其他外伤的治疗有促进作用；可使居室内细菌、病毒减少；同时，对过敏性鼻炎、神经性皮炎、关节疼痛等病症均有一定的疗效。钓鱼的朋友有一条渔谚云：宁钓雷雨后，不钓雷雨前。也是基于这个道理。

雷电还是人类认识自然、防御灾害的助手。根据雷电发生的季节、方位和强度，可以预测未来的天气变化。“雷打惊蛰前，高山好种田（长江中下游地区）。”“雷公先唱歌，有雨也不多”就反映了雷电的发生与未来天气变化的关系。在防雹中，根据雹云中的雷电分布，在地面设置引雷器，就可以引导雹云移动，从而使地面上的农作物免遭冰雹袭击。

雷电既是人类的敌人，也是人类的朋友。只要人类能充分地驾驭和利用，它便可以“立功赎罪”，造福于人类。

九、防避感应雷击

雷电引起的雷击是夏季常见的一种自然现象。自然界中的雷击有直接雷击和感应雷击两类，直接雷击声光并发，咄咄逼人，老幼皆知。而感应雷击悄悄发生，不易察觉，后果严重，直接雷击与感应雷击破坏的对象不同，前者主要击坏放电通路上的建筑物、输电线，击死击伤人畜等，后者主要破坏电子设备。比如，1992 年 4 月 27 日，南昌江西医科大学遭感应雷击，160 门程控电话有 120 门被毁；同天，江西财经管理学院 200 门程控电话全部被毁；1992 年 5 月 1 日，长沙湖南广播电视大学 200 门程控电话、6 台计算机和多台彩电因感应雷击被毁，损失 100 多万元；1992 年 6 月 22 日，北京国家气象中心计算机室遭感应雷击，大型和小型计算机网络中断，多台计算机接口被破坏，计算机系统工作中断 46 小时，经济损失 20 多万元；1993 年 4 月 21 日，第一届东亚运动会前夕，上海奥林匹克俱乐部大楼遭感应雷击，楼内控制程控电话的电脑被破坏，损失数万元。

感应雷击是由于雷雨云的静电感应或放电时的电磁感应作用，使建筑物上的金属物件，如管道、钢筋、电线、反应装置等感应出与雷雨云电荷相反的电荷，造成放电所引起。一台电子设备招引感应雷击的通道主要有 4 条：

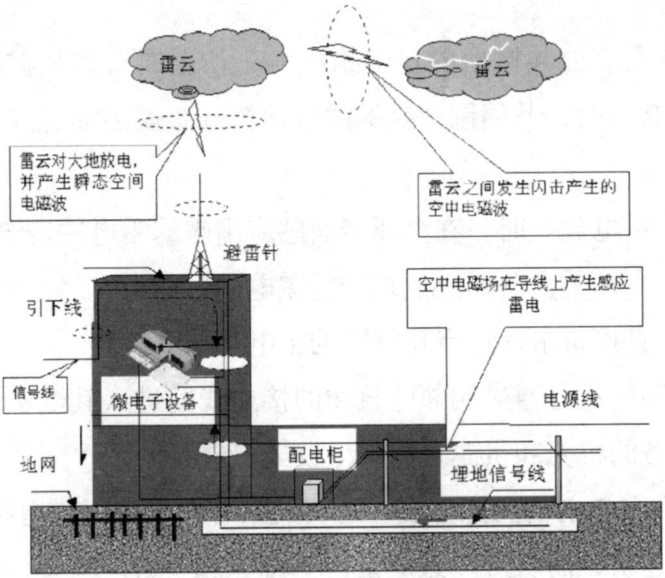

感应雷击示意图

1. 天线、馈线引入。

2. 电源线路引入。

3. 信号线路引入。信号线路的种类很多，高频信号传输线路、程控电话线路、电脑数据处理线路等等都可能引入强大的雷电信号而击坏电子设备。

4. 接地线路引入。

对于建筑物中电子设备群体来说，引入感应雷的通道主要有6条：

1. 建筑物中一切电子设备的天线、馈线、电源线、信号线、接地线都是建筑物的进雷通道。

2. 出入建筑物中各种电源线路及建筑物内部“长”距离信

号线路。

3. 具有公共接地的建筑物中的一切金属管道，在直接雷电流流经其上时，其周围产生的磁场涡流在金属表面感应出来的雷电冲击波。

4. 雷电放电时，在金属表面感应出来的雷电冲击波。

5. 直接雷击落雷点建筑物的雷电高位冲击。

6. 直接雷击落雷点建筑物的雷电反冲电流。

这种电流可通过相邻建筑物的接地线路进入其电子设备，使电子设备的机壳和机芯之间产生放电现象而损坏。

200 多年前富兰克林发明的“避雷针”防避“直接雷击”具有盖世之功，而防避“感应雷击”却无能为力。因为，当时没有什么电子设备，感应雷击的现象不明显，防避直接雷击就足够了。而现代社会，电子设备大量应用，感应雷击的危害日益严重，仅依靠“避雷针”防雷已远远不能满足社会的需求。防雷专家们也早已认识到这一问题的严重性，并进行了一系列防避感应雷击的试验和研究。

已研制出的天线馈线、信号、电源 3 大系列电子避雷器（SPD），能有效地保护大、中、小功率通讯和电视设备、微波通讯和雷达及导航等专用设备、铁道设备、卫星站等设备及共用天线及家电、程控电话、电脑、电源等设备不遭感应雷击，并已投入业务应用。通过推广新的避雷技术，以保障各种电子设备安全，减轻雷击灾害。

十、谨防落地雷

落地雷是由从云层延伸到地面的闪电形成的，形成过程是：云中闪电向下延伸到地面附近时，地面突出部分特别是物体的尖端部分向空中释放大量电荷，地面物体释放的是正电荷，闪电所带的是负电荷；当负电荷非常接近地面物体但未与物体接触时，正电荷就冲破空气的约束，主动迎上去；这一过程造成空气在很短时间内被迅速加热到1万~2万℃，发生剧烈膨胀，发出声响，最初是“卡嚓嚓”声，最后是惊天动地的霹雳，这就是落地雷。

落地雷

落地雷的破坏作用来自其强大的电流、炽热的高温、多种电磁辐射和很强的冲击波。据研究，强雷暴中可以产生1万~10万安培电流，这些电流可使其路径上数十厘米直径的空气加热到上万摄氏度！在这么高的温度下，再难熔化的金属也会熔化成

“水”，再难点火的物体也能着火燃烧。位于这条路径上的人和牲畜受到如此高温和强大电流的袭击，当然难逃一死。高大建筑物、参天大树、通信设施、通信信号和航天器电子设备等受到雷电产生的强大电磁辐射和冲击波的袭击，也会严重受损。

落地雷危害虽大，但却可以预测。如果雷雨云底层的高度很低，比如离地面只有 100～200 米，就有可能发生落地雷；如果出现垂直向下的树枝状闪电，也可能发生落地雷。见到这些天气现象，按照下述注意事项去做，就可以预防落地雷：

1. 在雷雨天气里，不要到大树、高大建筑物和高墙下躲避。
2. 不要靠近和接触潮湿的、带电的物体及金属物体。
3. 不要在架空线路和电线杆下行走。
4. 不要在河岸边停留或划船。
5. 家用电器应当接地，在使用后必须切断电源。
6. 为建筑物安装避雷针。

十一、人工影响和利用闪电

人们很早就想消除雷电，但是雷电的威力实在太大了，因此人工影响雷电现在只是试试看。人们设想的第一个办法是在雷雨云的某些部位撒播一定数量的碘化银。这是因为碘化银能在雷雨云里形成大量的小冰晶，小冰晶的击穿电势要比云滴低，使云体的导电性能增强，使云内的放电次数增加，从而减少云与地面之间的闪电机会。

另外，用飞机将氧化铜粉、黏土之类的物质投入雷雨云内，

自然界中的闪电绝大多数都是线状的或条状的

或者炮击雷雨云，也能抑制闪电。这是因为闪电是雷雨云的产物，而雷雨云的产生与强大的上升气流有关。炮击以后，雷雨云中的上升气流受到干扰；氧化铜粉、黏土之类的物质在降落过程中会产生一股下沉气流，对抗上升气流，上升气流被削弱，雷雨云得不到充分的发展，闪电也就难以产生了。

有人从火箭穿过雷雨云的时候常常遭到雷击得到启发，认为向雷雨云不断发射高速飞行的物体，使雷雨云不断对这些物体放电，以减少雷雨云向地面放电的机会，达到抑制云与地面之间放电的目的。为什么高速飞行的物体能诱发云中闪电呢？因为高速飞行物体进入云中的强电场区后，会感应起电，使云中的电场分布畸形，形成局部的高电场区，使局部云体放电。另外，火箭等物体排出大量高度电离的高温气体，相当于增加了飞行体的有效长度，扩大了云中电场畸变的范围，增加了局部云体放电的机会，减少云与地面之间的放电。还有，喷出的离子化气体使云中的离子数量剧增，改善了云的导电性能。

随着科学技术的迅速发展，雷电这一自然现象已基本上被人们了解。但是我们应当在了解雷电的基础上，做到控制雷电并使之为人类服务。怎样才能利用雷电呢？

一提起利用雷电，我们就会联想到打雷下雨时雷声隆隆、电光闪闪的壮观景象。大家一定会认为闪电可以释放出大量的能量，人们可以利用闪电的能量。但是，利用闪电的能量有一个困难，就是闪电不能按人们的希望在一定的时刻发生。换句话说，就是闪电不易控制。另外，虽然闪电是最常见的自然现象，但是据统计，每年在每平方千米面积上平均只有一两次闪电。雷雨云单体的尺度是1～10千米，所以各次闪电都隔着很大的距离。有人测量并统计过，在强雷雨时闪电之间的平均距离是2.4千米，在弱雷雨时闪电之间的平均距离是3.7千米。

如果竖立一根很高的铁杆引雷，雷击的次数要多些，但是闪电击中铁杆的次数仍不很多。有人统计过，在一个雷雨季节，雷电击中高400～800米的避雷针的次数也不过20次。

很早就有人做过利用闪电制造化肥肥沃土地的实验。我们知道，氮和氧是空气的主要成分。氮是一种惰性气体，在平常的温度下，它不易与氧化合，但是当温度很高时，它们就能化合成二氧化氮。

如果我们有兴趣，可以做一个简单的实验：

用一个封闭的玻璃瓶，里面充满空气并插上电极。通电时，电极间就有耀眼的火花闪耀。火花之中，慢慢地有黄色的氮气燃烧的火焰出现。过一会儿，原来无色的空气会变成红棕色，把瓶子打开，迎面就有一股令人窒息的气味，这就是二氧化氮。如果往瓶子里倒些水，摇晃几下，红棕色的气体马上消失，二氧化氮溶解于水变成硝酸。

硝石

自然界的闪电火花有几千米长，温度很高，一定有不少氮和氧化合生成二氧化氮。闪电时生成的二氧化氮溶解在雨水里变成浓度很低的硝酸。它一落到土壤中，马上和其他物质化合，变成硝石。硝石是很好的化肥。有人计算过每年每平方千米的土地上有100~1000克闪电形成的化肥进入土壤。

利用人工闪电制肥的作法有很多，这里只举一个例子。有人在田野里竖立3根杆子（制肥器），一般是木杆，杆高约20米，杆距120米，杆子顶部装有金属接闪器，用金属导线从接闪器一直引到地下埋入土中。建立后，曾进行了2次雷击实验。在每次雷击后对实验地段附近地区的雨水及土壤进行化学分析，测量其中硝酸态氮含量的增减。第一次雷击强度较小，比较明显的范围半径约15米，有效面积约1亩。经过土壤分析，结果是约增氮0.94~1千克，相当于硫酸铵4.7~5千克/亩。第二次雷雨强度较大，以实验地点为中心50米半径范围内，平均每亩增加2.7千克，相当于硫酸铵13.55千克。

从以上实验可以看到，雷电确实起到了把空气里的氮“固定”到土壤里去的作用。更有趣的是，有人为了验证人工闪电制肥实验的效果，在实验室里用人工闪电做了实验。结果，经过闪电处理的豌豆比未处理的提早分枝，分枝数目也有增加，开花期也提早 10 天左右；处理过的玉米抽穗提早了 7 天；处理过的白菜增产 15% ~20%，证明闪电对农作物确有一定好处。

虽然这些数字只是从次数不多的试验中分析化验的结果，但是它可以直观地说明，闪电可以增加土壤里的氮肥，对农作物的生长有一定好处。

第三章

雷电趣谈

雷电是大自然中一种自然的放电现象，它往往是由带有不同电荷的云在空中相遇而产生的，一般产生于云与云之间或云层与地面之间。在中外气象史上，因雷电造成的火灾、人员伤亡等灾害性事件数不胜数，而有关雷击的奇闻趣事也有不少。

一、电学先驱富兰克林趣闻

本杰明·富兰克林（1706～1790），是美国历史上第一位享有国际声誉的科学家和发明家。在他的一生中，曾发生过许多与“电”有关的趣事。

“电火鸡”的故事

本杰明·富兰克林

有一次，富兰克林做电学实验着了迷，他设计了一个“电火鸡”的实验。在实验中，富兰克林准备用从两只大玻璃缸中引出的电杀死一只火鸡，他一只手放在联接着的顶部电线上，另一只手握住与两个缸体表面都相连着的一根链子，突然窜出一道耀眼的电火，同时发出了如同放爆竹一样的巨大响声，富兰克林应声倒地，整个身子在剧烈地颤抖，握着链子的手蜷缩成鸡爪状，双目紧闭，面无血色。十几分钟之后，富兰克林才清醒过来，他慢慢睁开眼睛，用微弱的声音告诉周围的人：他似乎见到了上帝。

科学家也是人，他们也会犯错误。而科学家的过人之处恰恰在于他们能从错误和失败之中揭示出鲜为人知的真理的奥秘。从这次挫折中富兰克林得出了一个结论：串联起来的足够多的电瓶可以释放出如同闪电那样巨大的电流。下一步要做的就是让闪电自己来证明：我就在剧烈地放电！

风筝与闪电

一段时间以来，富兰克林一直在试图验证他的关于闪电与电的性质相同这一假设。1752 年的 6 月，闷热的夏季到来了，天空经常阴云密布、雷雨交集，望着变幻莫测的天空，富兰克林陷入了苦苦的思索。忽然，他想起了儿时放的那只蓝色的大风筝，蓦地，一个大胆的想法闯入了他的脑际：借助一只普通的风筝就可以便利地进入带雷的云区，从而完成他期待已久的实验。于是，他立即与 21 岁的儿子威廉一起动手，精心制作了一只大风筝——两根木条拼装成风筝十字形的骨架，上面蒙上一块丝绸，便形成了它的身躯和两翼。然后，他们在风筝的上端固定了一根尖头的金属丝，在风筝的末端绑上一把金属钥匙。

一天，天色阴沉、电闪雷鸣，富兰克林和威廉把风筝升入天空。时间一分一秒地过去了，父子俩焦急地观察着，却没有发现任何带电的迹象。忽然，一团乌云飘来，富兰克林猛然间发现：风筝线尾端的麻绳纤维相互排斥地耸立起来，就像悬垂在普通的导体上一样。他感到一阵狂喜，下意识地伸手指向钥匙，结果受到了强烈的电震。大雨很快自天而降，当雨水打湿了麻绳时，他看到了美丽异常的电火花。

实验成功了，人类可以自豪地宣布：闪电与电是同一物质。富兰克林高兴得难以自持。但为了进一步研究整理这一研究成果，让这一消息发表在自己的报纸上，富兰克林父子把这一秘密一直保持到了10月份。终于，10月19日，富兰克林关于风筝实验的第一篇报道在《宾夕法尼亚报》上发表了。

避雷针与婴儿

大约在同一时期，富兰克林还搞了另一项雷电实验：将一根削尖的铁棒固定在烟囱顶端向上伸出9英尺，从铁棒底部伸出一根金属线穿过屋顶下的玻璃管，并通过楼梯引下来与铁矛连接，在楼梯上将金属线分开，每头各系一只小铃铛，再用丝线在铃铛之间悬起一只小铜球，每当雷云经过时铜球就会摆动并敲响铃铛，而上方引出的电火花又可以给电瓶充电。这一实验再度证明了闪电就是电以及尖端吸引和放电的原理，并且证明可以利用这一原理使人类避免遭受雷电的袭击。

1760年，富兰克林把这种装置安装在宾夕法尼亚学院和政府大厦的尖塔上，这大概就是富兰克林发明并实际使用的最早的避雷针了。当他邀请人们前来参观避雷针时，人们对这一重大发明惊叹不已。但有一位肥胖的阔太太对此却大惑不解："这么一根尖铁棒棒能有什么用呢?"富兰克林彬彬有礼地回答道："夫人，新生的婴儿又有什么用呢?"周围响起了一片友好的笑声。

二、雷电的恶作剧

雷电有时会把人手里拿着的东西“夺下来”，扔得远远的。

在苏联，曾发生过这样的事：有一个人正在屋里待着，一声雷响，他手里的茶杯被雷扔到了院子里。更奇怪的是，茶杯和那个人都安然无恙。又有一次，一个农村孩子，扛着草叉子往家跑，一道闪电、一声雷响，那草叉子被雷扔到50米以外的地方。还有一次，某皇宫里落了雷，把枝形吊灯上的镏金层完全“剥”了下去。更奇怪的是，有一次，落雷把一个妇女戴着的金属耳环熔化了，可那女人却保住了性命。

闪 电

雷电有时可以把人烧成灰烬。在法国一个小城镇里，一次雷电，把站在菩提树下躲雨的3名士兵击中了，但他们仍然站着，好像什么事情也没有发生。雷雨过后，有人走上前去同他们说话，他们却像木头人一样毫无反应，于是便触了触其中一个人的身体，这个人马上就倒下了，成了一堆灰烬。接着又用手去触另外两名站着的士兵身体，他们同样倒下变成两堆灰烬。

在苏联曾发生过这样一件怪事：在一次大雷击的时候，有一个行人遭到雷电袭击后，衣服被剥去了，除了一些从皮靴上落下来的铁钉和一只衬衫的袖子外，他的衣服连踪影都不见了。10 分钟以后，当他恢复知觉的时候，他非常惊奇于自己一丝不挂地躺在那里。

雷电握手图

法国也发生过雷电脱掉人衣服的事：1897 年 8 月，在法国的里摩拉近郊发生过一次可怕的雷击。远处的闪雷已打了几个钟头，忽然间有几条闪电同时落到几个地方。中午 11 点半，几个雷在一片麦地响开了。当时有一家 4 口人正在收割麦子，这受惊的 4 口人急忙躲到麦秸堆里去，但是闪电恰好落在这儿。首先它把父亲打得晕倒，然后把儿子一下子打死；母亲和女儿始终没有受到损伤。儿子的尸体裸露着，他的衣服被“扔”到很远的地方。

不少的雷击事件令人迷惑不解，仿佛雷电还长着“眼睛”。1968年夏季，一场强雷暴袭击了法国的一个牧场。一阵闪电之后，羊群中黑色的羊全部被击毙，而白色的羊却平安无事。1962年9月，美国的一家餐馆遭受雷雨袭击，餐桌一张也未被击毁，但餐桌上放着的一叠12个菜碟，每隔一个被雷电击碎一个，而所有的菜碟仍整齐地叠放在一起，整体并没有被雷击垮。国外还有人做过调查发现，在100次雷击树木中，雷电击中橡树的次数最多为54次，杨树为24次，云杉为10次，松树为6次，梨树和樱桃树为4次，但雷电从来不会击中桦树和槭树，类似的事还有不少。雷电为什么会具有这种“特异功能”，至今还没人能做出令人信服的科学解释。

三、成语中的“雷电”

雷霆万钧

雷霆万钧这一成语出自《汉书·贾山传》：“雷霆之所击，无不摧折者；万钧之所压，无不糜灭者。”在现实生活中，人们常用“排山倒海之势、雷霆万钧之力”来形容运动的声势浩大。雷霆的威力究竟有多大？万钧又是多少？

闪电是云与云之间、云与地之间和云体内各部位之间的强烈放电

雷霆就是气象上所说的雷暴，大气中的一种放电现象。我们知道，在积雨云中由于水滴、冰晶破裂，碰撞摩擦，水滴感应，温差效应等物理过程，产生了一定的电荷。当电荷积累到一定程度，产生了很大的电位差，就会击穿云层，造成放电现象，这就是我们常见的“闪电”。在闪电通道上，温度高达 1 万 ~2 万℃，空气剧烈膨胀，云滴急剧汽化。空气膨胀所产生的压强相当于 30 ~50 个大气压，使空气发生剧烈的震动，速度可达 1000 米/秒以上。有人计算，在闪电正前方 4 ~5 米处，其震波压强约为 0.7 千克/平方厘米，而在闪电附近，压强可达 70 千克/平方厘米，相当于 70 个大气压。还有人计算，夏季一个雷暴所具有的能量，可相当于 10 多个原子弹。可见，雷霆的威力是何等之大。

钧是古代的一种重量单位，1 钧相当于 15 千克，1 万钧就有 150 吨之重，它虽不像雷霆的威力那样惊人，但其重量也是一般物体所难以承受的。由此可见，用雷霆与万钧来比喻运动的威力，不仅形象生动、富有气魄，而且也有其科学性。

迅雷不及掩耳

“迅雷不及掩耳”这一成语出自《六韬·龙韬·军势》：“疾雷不及掩耳，迅电不及瞑目。”其意为雷声来得既猛又急，使人来不及捂住耳朵。比喻来势迅猛，使人措手不及，无法提防。

在自然界中，这一成语的科学性如何呢？我们先来看看一般的雷电。在强烈发展的对流云中，由于水滴破裂、碰撞摩擦、水滴感应、温差效应等物理运动，产生了一定的电荷。当电荷积累到一定程度，产生很大电位差时，就会产生放电现象。这种放电产生于1000多米的高空，称之为云际闪电。在闪电和雷声几乎同时发生的过程中，由于光的传播速度是30万千米/秒，而声音的传播速度只有330米/秒左右，所以一般是先见闪电，需几秒钟后才能闻到雷鸣，而人看到闪电后，经过大脑反应，再“命令”双手做掩耳动作，一般只需半秒钟左右，所以这种雷鸣人们是来得及掩耳的。由于这种雷声源地较远，在传播中受到很大衰减，音度一般不会很大，故也无需掩耳。

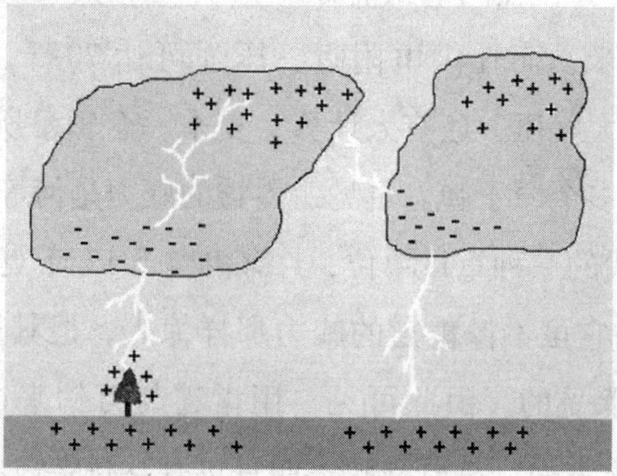

云地闪电

大气中还有一种雷电，它发生在云地之间，俗称云地闪电或落地雷，气象上称之为“疾雷”或“霹雳”。这种雷音度极强，震耳欲聋。由于就出现在近地面，若在百米之内，雷声传入耳朵只要1/3秒，而人从看见闪电到掩住耳朵需半秒钟以上，故造成了“迅雷不及掩耳”的现象。

使人来不及掩耳的疾雷，不仅对人耳膜有较大的影响，还会击伤人畜，摧毁房屋。在雷电发生地点，产生很高的温度，使空气中的水分急剧汽化，对人畜和物体会造成很严重的灼伤，使之造成一些灾害事件。

雷厉风行

“雷厉风行”这一成语出自唐代韩愈的《潮州刺史谢上表》。文中写道：“陛下即位以来，躬亲听断，旋乾转坤；关机阖开，雷厉风飞。”清代李宝嘉在《官场现形记》中也写道：“（蕃台）今天调卷、明天提人，颇觉雷厉风行。”

在社会生活中，人们常用这一成语来形容政令的贯彻严厉和迅速，像打雷那样猛，像刮风那样快。那么，雷的威力究竟有多猛？风的速度究竟有多快？

《汉书·贾山传》中写道：“雷霆之所击，无不摧折者。”可见很早以前，人们就知道雷霆有很大的威力，可以摧毁一切。雷霆即疾雷，亦称霹雳，在气象学上称之为雷暴。它是大气中的一种放电现象。大家知道，在强烈向上发展的积雨云中，由于水滴破裂，碰撞摩擦，水滴感应，温差效应等物理运动，产生一定的电荷。当电荷积累到一定的程度，产生很大的电位差时，就会击

卷须状闪电

穿云雾，造成放电现象，这就是我们常见的闪电。在闪电通道上，温度高达一两万度，使空气剧烈膨胀，雨滴急剧汽化。我们在前面说过，空气膨胀所产生的压力可达 30～50 个大气压，使空气剧烈震动，速度可达 1000 米/秒以上。据计算，在闪电正前方 4～5 米处，其震波压强约为每平方厘米 0.7 千克，足以摧毁 20 多厘米厚的砖墙。而在闪电附近，震波压强相当于 70 个大气压，其摧毁力更是惊人。

风是空气的水平运动。冬春季节所出现的寒潮大风，速度可达 60～70 千米/时，相当于一般汽车的速度。夏季发生在热带海洋上的台风，登陆时可引起 12 级大风，风速可达120～130 千米/时。在离地面 10 多千米的高空有一个大风带，气象学上称之为急流，其速度每小时五六百千米。在急流的中心，还曾测到过 700～800 千米/时的大风。中等强度的龙卷风，其旋转速度 500 多千米/时，强大的龙卷风可达 1000 多千米/时。

由此可见，雷的威力是相当猛烈的，而风的速度是非常快的。因此，用“雷厉风行”这一成语来形容政令贯彻之严厉和迅速，不仅生动形象有气魄，而且也不无科学道理。

四、频遭雷灾的村庄

在江西省南昌市招贤镇，有个神秘的小山村，那里连年遭到雷击，是个出了名的雷灾村，因此得名叫“雷公坛村”。

雷公坛村至今已经有300年的历史，因多雷而得名。该村位于梅岭山区腹地，田地肥沃，景致宜人，但优越的条件却留不住村民们在此安居乐业。

雷公坛几近空村

雷公坛村屡遭雷电袭击，房屋被毁，人畜受伤甚至丧命，村民不堪雷击之苦，纷纷迁离他乡。原先180人的村庄，后来仅剩8人。村民认为这里“风水”不好，是个多灾多难之地。有的村民说，这是天上的“雷公”、“电母”发怒，让村民屡屡遭殃；还有的认为，是“神灵”对人的惩罚。为保佑村民平安，早年村里还特意盖了一座庙，但是听村里的老人讲，100 多年前，这座庙被一场雷灾所毁。

那么，到底是什么原因使雷公坛村频频遭雷灾呢？

江西省南昌市防雷中心的专家来到村里，对该村进行了一番实地调查和研究，终于揭开了该村屡遭雷击之谜。

闪电撕开云层

专家认为，雷公坛村雷灾频发的原因之一是地形造成的。从地形图看，雷公坛村位于海拔 590 米左右的几个小山脊之间。该村整个大空间地形呈马蹄形，南低北高，处在偏南风为多、偏南暖湿气流盛行的山坡风口上。在太阳辐射的作用下，村庄上空容易形成积雨云。积雨云遇山地阻挡，在山地的迎风面滞留时间增长，从而导致积雨云在雷公坛上空出现的频度、时间增加。而因积雨云形成的雷暴在夏季的午后、傍晚出现的几率非常大。

其次，特殊的地质结构造成雷害加剧。雷公坛村处于岩石板块的交界地带，以水稻田土壤为主，地面土壤湿润，加之山上多雨水，因此，岩石的电阻率比其他地方的要小得多，雷暴很容易落到这里。再加上该村电线均没有采取防雷措施，这些极容易引入雷电，造成雷害。还有雷公坛村的特殊地形结构造成当地频繁出现强对流天气。由于雷公坛特殊的地形结构造成当地频繁出现强对流天气现象，而强对流天气会伴随狂风、暴雨、雷电、大风、冰雹，因此，发生雷公坛村雷击等突发性灾害也相对频繁。

从雷公坛村遭雷击之谜中可看到，遭遇雷电，并不像村民说的是天上“雷公”发怒，也不是“神灵”、“菩萨”的惩罚，而是要加强防雷，采取防雷措施，才能保得平安。

五、印尼小城一年打雷300天

印度尼西亚爪哇岛上的小城茂物，号称世界上打雷最多的地方，有“世界雷都”的美名。这个称号的确不过分，一年365天，茂物打雷的日子居然有300天之多。对比一下，中国打雷最多的西双版纳每年也只有大约120天。

茂物街景

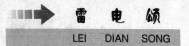

天天打雷下雨，茂物不会变成汪洋一片吗？其实在 5～10 月，当地的雨水并不多，只有 11 月至来年 4 月才会大雨滂沱。有人统计过，茂物的雨季不过 200 天出头，剩下的日子是出了名的干打雷不下雨。

茂物的雷雨有个特点，来得猛去得快。往往早上还是晴空万里，一过正午就雷声阵阵，雨点劈头盖脸地打下来，势头之猛，到了足以让人站不住脚的地步。偏偏茂物人不像英国人那样喜欢带雨伞出门，结果自然是淋成落汤鸡了。

因为茂物雨大雷多，当地的房屋屋顶都盖得特别陡，这样一来，雨水就能很快排走，不至于造成外面大雨、里面小雨的惨状。当地的房子大多数只有一两层，3 层以上的建筑物很少见。当地人故意把房子建得很矮，目的就是为了防雷。用当地一句谚语解释，就是“雷电专打出头鸟”。

雨后的茂物街头

为什么茂物的雷雨日特别多呢？这与当地的地理环境有关。茂物位于赤道附近，地处山间盆地之中。这里的上升气流十分强，很容易形成厚厚的积雨云。当带有不同电荷的云层相互接近时，就会产生雷电现象。因此，茂物形成雷雨的机会比其他赤道地区更多。雷雨如此频繁虽然给茂物人增加不少麻烦，但由此而来的好处也不少。因为雷雨的关系，这里不但空气清新，而且终年气温都在25℃上下，不冷不热、气候宜人，这种气候在赤道附近是很难得的。不但如此，由于地面大部分被肥沃的火山灰所覆盖，加上雨水充沛，水稻和各种热带植物生长茂盛，使茂物成为印尼经济作物产业最发达的地区。

雷都茂物不光有火山胜景和热带风光，还是一座历史名城。早在12世纪，这里就是古王国的首府。荷兰殖民统治时期，厌倦了巴达维亚（即今天的雅加达）炎热天气的殖民者们也纷纷到茂物避暑。后来，印尼总统在茂物也有座别墅，时不时会过去住住。如今，这里更是印尼举办国际会议的常备会场，茂物也因此被外国人评为“雅加达的后花园”。

六、雷电击人出现“龙”形花纹

1993年的一天，辽宁省某风景区有一小商贩遭遇一次雷击后不仅大难不死，苏醒后，反而发现自己从左腋到右腋横跨胸前的皮肤上留下了一条像是传说中的“龙”形花纹，真是奇迹。

事情就有那么巧，李庄在一次雷击中，村民李财富身上也出现了似“龙”一样的花纹。李财富经抢救后，慢慢苏醒。被雷击大难不死，活下来真幸运。消息传开后，村里各种传闻四起。有的说是“佛祖”在保佑他，有的说是“龙神”在保护他。很多人不相信，但是又说不清为什么遭雷击后皮肤上会留有“龙”形花纹。

闪电花纹

气象专家告诉我们，人体遭到雷击，是因为雷电带有强大的电流，当电流通过人体时就会对人体产生伤害。

雷电中电流的大小、频率，通过人体的部位与时间的长短不同，人体受到雷击的伤害程度也就不同。如果电流大、频率高、通过时间长，人体受到的伤害当然就比较严重；相反，电流弱、频率低、瞬间通过，人体受到的伤害就会比较轻。而且雷击对人体的伤害程度还和人体本身的电阻大小有关系。人体电阻分为皮肤电阻和体内电阻两部分，皮肤电阻一般较大，约从几千欧到几万欧，而体内电阻就较小，约1000欧，体内电阻之中又以血液电阻为最小。

对一般人来说，当通过人体的电流为1毫安左右时，人会感到微弱的刺痛了一下。如果通过人体的电流达到6毫安，人就会产生比较厉害的肌肉收缩，这时人常被“闪开”。如果电流再大一点，达到10毫安，皮肤会被烧伤，从而导致人体电阻骤减，使电流更大，这时，电流通过的神经细胞会产生局部的麻木和阻塞。由于神经细胞受到伤害，人体便不能摆脱电路的接触部分而被“吸住”。电流刺激并麻痹呼吸系统的神经中枢，从而使人失去呼吸能力。同时电流还刺激心脏，引起心脏颤动，使人失去正常的排血功能，一旦排血功能受到伤害，心脏便会停止跳动。如果抢救不及时，这人可能会死去。

现在知道，遭雷电袭击是电流通过人体时造成的伤害。李财富和那位小商贩，正好是电流通过人体的强度不大，刚好使肌肉收缩并受伤，造成胸前皮肤上留下一条弯曲似“龙”形的花纹，而并非是有什么“佛祖”或“龙神”在保佑他们。

七、大树“纹身”之谜

我们经常会看到，一声霹雳过后，一棵大树的树身被雷电击出20多处裂口。伤痕累累的大树看上去触目惊心。雷电为何会为大树“纹身”？这种现象令人迷惑不解。

雷电击中大树的瞬间

2004年6月16日晚，河南省许昌市襄城县山头店乡董湾村一带狂风骤起，黑云压城。少顷，天空电光闪烁，霹雳惊人。晚上9点，伴随一声惊天动地的巨响，村后的一棵桐树遭雷电袭击。但奇怪的是，雷电并未将大树击倒或者劈碎，而是将树身撕开了20多处裂口，犹如为大树“纹”了身。远远看去，树身上黑白条纹分明，就像耸立在天地间的一根“龙柱”。

该树的主人介绍，这棵桐树已生长了25年，树高约11米，树身周长约2米。雷电“纹身”现象发生后，许多邻近的村民纷纷跑来“看热闹”。一些村民认为是孽龙为躲雷劫，附身桐树，致使桐树遭到雷击，一些人则认为此树“触犯”了天条，受到惩罚……一时迷信四起，众说纷纭。

被雷电击中的古樟树

无独有偶。在四川也曾出现过一起雷电为大树“纹身”的事件。2004 年 10 月的一天，川西石棉县一处叫沈家山的山寨上空电闪雷鸣，大雨倾盆。伴随一声雷响，一团火球直扑山寨边的一棵核桃树而去，“轰”的一声巨响，核桃树的树干几处被打裂，树皮被揭去一大块。惨白的树身和断裂的枝干横在眼前，令观者惊悸后怕。雷电“纹身”现象发生后，当地人认为是核桃树修炼成精，上天为防树精害人，故遣雷公电母来“收”树精上天。

其实，雷电为大树“纹身”，是大自然中一种有趣的雷击现象。防雷专家认为，这是因为雷电具有“趋肤效应”和“热效应”造成的：当雷电击中树木时，树木成了很好的导电体，如果雷击时伴有雨水，当雨水沿树体流向地面时，雨水流过的地方便成了雷电流对地泄放的最好路径；当雷电流沿树体对地泄放时，由于电流很强，通过的时间很短，在树体中产生了大量的热量，这些热量在瞬间来不及散发，便导致树木表皮内的水分被大量蒸发成水蒸汽，水蒸汽迅速膨胀，产生了巨大的张力，使得树体的表皮因爆破力而呈条状剥落，从而出现了大树“纹身”的现象。

八、圣爱尔摩火光

相传很久以前，古罗马有一支军队在漆黑的夜间急行军，突然，远处传来隆隆的打雷声，一场雷阵雨就要来了，大队人马为大雨即将降临而担忧。就在这时候，士兵们个个发现在自己的头盔顶上冒出星星点点淡蓝色的火花，他们手上所拿的铁长矛尖头上也闪烁着火花，仔细一听，还有嗞嗞的声响。这些奇异的火花的出现，使士兵们既惊讶又欣喜，以为胜利之神正向他们招手呢！

圣爱尔摩火光

1696 年，一艘帆船正乘风破浪，航行在地中海上。突然间，帆船上桅杆顶端出现了 38 点蓝色的火花，桅杆风向标上的火光则长达 40 多厘米。水手爬上桅杆观看，还听到火光发出的嗞嗞声响；水手取下风向标，火光马上跳到桅杆的顶端，不久便消失了。

这种火光并不罕见，它常常出现在教堂屋顶的十字架上、高塔的尖顶上、树梢上。这种火光被人们称为“圣爱尔摩火光”。

“圣爱尔摩”的名字是由意大利语圣徒伊拉兹马斯相传而来的。传说他是地中海水产的守护神。水手们不知道出现在桅杆顶端的火光的来历，以为是神灵在显灵，是上帝派来的守护圣徒——圣爱尔摩在保佑他们，于是，便称它为“圣爱尔摩火光”。

圣爱尔摩火光是一种大气无声放电现象，大都发生在雷雨天气里。雷电发生时，帆船的桅杆、教堂的十字架、树梢等高耸的物体，距离雷雨云层较近，而且它们的顶端是尖的，那里积聚的感应电荷的密度最大，与雷雨云之间形成了很强的电场，可使周围空气产生电离，引起无声放电，并发出微光。

平时我们看到高建筑物上的避雷针，就是根据这一原理来安装的。在雷雨云还没有向地面放电时，先向避雷针顶端放电，中和了一部分电荷，降低雷雨云与地面之间的电场，从而避免建筑物遭雷击。

九、雷劈“恶人”

一天傍晚，天空出现一片乌云。顷刻之间，电闪雷鸣，风雨大作。住在芦芝村北坡地上的罗金汉一家正在吃晚饭，突然一道强烈闪光，一声巨雷，竟把他家新建的房顶击出一个脸盆大的窟窿。罗金汉一家虽然被吓坏了，但却安然无恙，而住在他家隔壁的李家嫂子，却已倒地身亡。

顿时村里议论纷纷，迷信的人说：“这是雷劈恶人嘛。”大部分群众不相信，可又解释不清楚。雷电都没有打到她家房子，可她怎么会死于雷击之下呢？难道世上真有“雷劈恶人”之事。这当然是没有的。

闪 电

雷电会致人毙命，这是事实。雷电是一种大自然放电现象，它又不长“眼睛”，怎能专劈恶人呢！凡是能为雷电提供闪击条件的，不论是什么人，也不论是建筑物、高大的树木、家畜、动物等，都可能成为雷击的对象和目标。

经过实地调查，李家嫂子被雷击倒的原因已查清楚。原来，罗金汉和李大嫂家住房都建在村里最高的一块坡地上，周围无高大树木和建筑物，雷击当然从这里下手。当雷电击中罗金汉家房子的钢筋水泥大梁时，瞬间大梁中的电压极高，高达几万伏到几十万伏。这时候，有人触及或接近这条大梁，大梁内的高电压就会对人进行雷电二次闪击，把人击倒。罗金汉家遭雷击时，他们正在吃饭，离钢筋水泥大梁较远，因此，房间虽被击出一个大窟窿，但却免遭雷害伤人。而隔壁的李大嫂在雷击一瞬间，正在摘取用铁丝挂在横贯两家的同一条水泥大梁的菜篮子。这么一来，水泥大梁中的瞬间强大电压自然就转移到李大嫂身上，强大的雷

雷　击

电流通过铁丝穿入她的身体，致使她心脏和大脑麻痹而死亡。

由此可见，“雷劈恶人”的说法，纯属迷信邪说。雷击实际上是一种触电。因此，在雷雨天里要注意避雷，在高大建筑物上要安装避雷器。金属体和人体最容易导电，钢筋水泥构件以及引入室内的各种外接电源导线，最容易将雷电引入，所以，在雷雨天气时，人体千万不要靠近与接触，防止雷击伤人。另外，在雷雨天气不要洗澡，尤其是不要使用太阳能热水器洗澡。如果不慎遭受雷击，应及时采取抢救措施。

十、遭雷击 4 次大难不死

一个人被雷电击中的几率大约介于 1/50 万～1/100 万之间，但是被雷电 4 次击中却大难不死的人决不会很多。英国贝斯地区的克丽斯廷·穆迪一生中4次遭到雷劈。更令人惊奇的是，她已经80多岁了。但是，幸运的她竟然每次都能奇迹般地存活下来。

克丽斯廷第一次被雷电击中是在1980年，当时的她正与丈夫哈罗德在康沃尔的一家饭馆靠窗子的座位上喝茶；第二次雷电击中她的时候是1984年，她当时正在参加一个朋友的葬礼。克丽斯廷回忆说："当雷电击中我的时候，我刚要迈步进入殡仪馆的入口。我的身体突然间麻痹，大脑中一片空白。只有我的丈夫知道发生了什么事，他直接将我送回家休息。"

雷电现象

第三次她被雷电击中是在朋友葬礼举行的6个月以后，当时她就站在自己家附近的一条街道上；2004年12月，她躺在床上的时候，再次被雷电击中。克丽斯廷说："那次的雷电袭击对我的伤害最重，我醒过来后发现自己全身都不能动了。"

幸运的是，克丽斯廷在4次雷电袭击后都没有留下什么后遗症，也不需要医疗救护。她说："我只要好好休息，重新恢复精力就行了。"

老人戏剧般的遭遇震惊了医生，他们无不感叹她的好运气。一些医生甚至称，克丽斯廷拥有吸引电流的能力。

她除了遭到雷击之外，还经常触电。当她触摸到正在工作的电器，包括电视机时，轻微的电流便会通入她体内，使她浑身出现轻微的疼痛感。

克丽斯廷曾说："被雷电击中的滋味绝不好受，那种感觉太令人恐怖了。我非常幸运地存活下来，但是现在我对任何一种电流都十分敏感。我不得不时刻关注天气预报，但是现在我已经学会如何保护自己了。"

只要出现暴风雨的天气，克丽斯廷就会全身武装起来，将自己裹得严严实实。她会穿上一双胶鞋，然后躲进被停放在石头砌成的车库中的汽车里。她认为汽车的橡皮轮胎将会在雷电袭击时保护她。

另外，在暴风雨肆虐期间，她还会带上毛毯和足够的食物在汽车中度过一段日子。她害怕第五次被雷电击中，那时候就不知道她的运气是否还像前 4 次那样好了，因此她不敢在暴风雨期间冒险出门。克丽斯廷说："从圣诞节开始，我几乎就不踏出我的房门了。"

在英国，每年平均有 3 人被雷电击中致死，这些雷电平均电压约有 3000 万伏。

十一、被雷电击中的名人

1. 狄俄斯科勒斯（公元3世纪）

狄俄斯科勒斯是传奇中小亚细亚的统治者。据说，当他听说女儿皈依基督教时，大发雷霆，并亲手砍下了她的头颅。不久以后，他就被雷电击死。在当时人们看来，这显然是上苍的报应。后来，他的女儿成了当地的守护神，她能保佑人们不受雷、电、火的伤害。

2. 吉罗拉摩·弗拉卡斯托罗（1483～1553）

弗拉卡斯托罗是著名的意大利诗人和医生。在他还是婴儿的时候，有一天正当他母亲抱着他时，突然被雷电击中，母亲当场死亡，但他却安然无恙。

3. 赫南·佩雷斯·德奎萨达（1503～1544）和弗朗西斯科·德奎萨达（？～1544）

赫南·佩雷斯帮助了他那位著名的哥哥贡扎罗·德奎萨达征服了哥伦比亚。在建立了波哥大城以后，由于某些政治方面的原因他逃离了这块西班牙新建的殖民地。在他乘船去古巴途中，被雷电击毙，哥伦比亚的土著将他的死归因于上天的惩罚，因为他在杀害奇布恰王朝最后一位国王的罪行中起着突出作用。不过，另一位兄弟弗朗西斯科也被同一次雷电击毙，他和奇布恰国王之死毫无关系。

雷 电

4. 格里高利·戚廉·里赫曼（1711～1753）

这位俄国物理学家将一个仪器与避雷针连接在一起，试图测量大气中的放电现象。在一次雷雨中，当他正俯身观察仪器上的读数时，一次雷电击中那根避雷针。避雷针从仪器上弹起，猛地击中他的头部，里赫曼当场倒毙。

5. 詹姆士·奥蒂斯（1725～1783）

奥蒂斯是一位美国政治家，他常对别人说，他希望以一次雷电来结束自己的生命。这个愿望终于实现了。当他在一间低矮的农舍走廊里与家人和朋友交谈时，雷电击中了农舍的烟囱。火球沿着烟道进入走廊，并跳到奥蒂斯身上把他击死，但他身上没有留下任何伤痕，屋里的其他人也都安然无恙。

6. 吉西·彭克尔（1861？～1909）

雷电多次击毙独自在野外平原上干活的农民。也许以这种方式丧生的农民中最著名的要数吉西·彭克尔了，他是张·彭克尔的儿子，是一对连体婴儿中的一个。

7. 弗朗西斯·西德尼·施米特（1900～1949）

他是一位英国登山运动员，因登上珠穆朗玛峰而闻名遐迩。可是他差一点在阿尔卑斯山上丧命。一个雷电把他击得失去了知觉，但是由于他那身湿漉漉的衣服吸收了大部分电荷，从而使他幸免于难。

8. 约翰·怀特（1938～1964）

许多运动员遭到过雷击，因为他们经常暴露在旷野上。怀特是一位著名的足球运动员，他是在打高尔夫球时被雷电击中身亡的。

9. 李·特利维诺（1939～　）、杰里·赫德（1947～　）和勃比·尼科尔斯（1936～　）

1975 年 6 月，当观众们看见高尔夫球运动员克兰肖拼命躲避雷电时，顿时发出哄笑。不过一个星期之后，当特利维诺、赫德和尼科尔斯在高尔夫球场上被雷电击中时，再也没有人发出笑声。他们 3 人都被送进医院。赫德伤势较轻，在该赛季又返回比赛，但特利维诺则在医院里整整呆了 1 年半才恢复元气。

10. 卢迪·希尔德（1940～　）

希尔德是一位天文学家，1976 年的一天，当他正在亚利桑那天文台工作时，雷电击中了他的望远镜，把他击昏了过去。在被送往医院的途中，他的心脏已停止跳动。但是他很快就恢复了健康，并于当天返回天文台工作。

11. 尼克·那伐罗（1953～1978）

那伐罗是巴拿马短跑运动员。1978 年 12 月 28 日，当他从迈阿密的卡尔德田径场走回休息室时，遭到了雷击，并立刻身亡。

12. 比姬·戈德温（1954？～1968）

她是弗吉尼亚州州长米尔斯·戈德温的女儿。当她在晴空下从海浪中回到海滩时，远处一团乌云中突然打来一个霹雳，将她击中。她虽然立刻得到抢救，但是2天之后仍然身亡。

第8章

雷电未解之谜

雷电是地球上最致命同时也最令科学家费解的自然现象之一。在古代，西方人将雷电解释为“上帝之怒”。在为人类想象创造空间的同时，雷电也改变了一些人的生活。很难想象，没有雷电的世界是什么样子。正是因为雷电的存在，人类才有机会欣赏到这种最壮观、最神秘的自然现象。

一、神秘的火球

电闪雷鸣是常见的自然现象，但令科学家们感到惊奇的球形闪电却是罕见的。球形闪电形如圆球，有时很小，有时却比足球还大，它的颜色多变，时而呈鲜红色或淡玫瑰色，时而呈蓝色或青色，时而呈刺眼的银白色，有时竟然是黑色。它的运行速度非常缓慢，有时与人们跑步的速度差不多。它有时发出轻微的呼哨声、嘁嘁声或嗞嗞声，人们的眼睛很容易跟踪观察它。它行进的方向和风向一致，喜欢追逐过堂风和自然风飘游，因而有时会通过开着的门窗或炉子烟囱及各种缝隙钻进室内。有时它还停止不动，悬挂在人们的头顶上。当碰到障碍物时，它常会爆炸而发出巨响，也可能无声无息地消失。

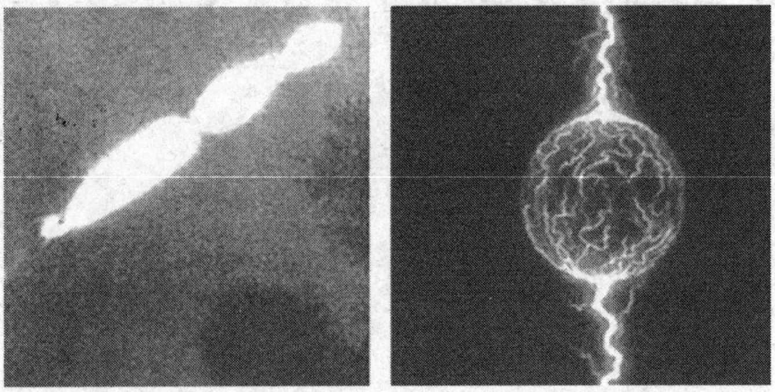

球形闪电

北宋著名科学家沈括在《梦溪笔谈》中，记述了一次球形闪电的实况，描述了暴雷运行的过程。球形闪电自天空进入“堂之西室”后，又从窗间檐下而出，雷鸣电闪过后，房屋安然无恙，只是墙壁窗纸被熏黑了。令人惊奇的是屋内木架子以及架内的器皿杂物（包括易燃的漆器）都未被电火烧毁，相反，镶嵌在漆器上的银饰却被电火熔化，其汁流到地上，钢质极坚硬的宝刀也熔化成汁水。令人费解的是，用竹木、皮革制作的刀鞘却完好无损。上述奇异现象，令沈括及历代科学家们无法做出准确解释，成为历史上的一个悬案。

弗兰克·莱思在他的著名作品《大自然在发狂》中记录了一个事实：在俄罗斯某农庄，两个小孩子在牛棚的屋檐下避雨时，忽然天空中飘下一个橘红色的火球，首先在一棵大树顶上跳来跳去，最后落到地面，滚向牛棚，像烧红了的钢水似的，不断地冒着火星。两个小孩吓得一动不敢动。当火球滚到他们脚前，年纪较小的一个，忍不住用力猛踢了火球一脚，轰隆一声，奇怪的火球爆炸了，两个小孩被震倒在地，但没有受伤，可是牛棚里的 12 头牛却死了 11 只，幸存的一头并未受伤。

在美国尤尼昂维尔小城，一次狂风暴雨、雷鸣电闪之后，某家庭主妇打开电冰箱一看，十分惊奇地发现里面放着烤鸭、熟蛋和煮透的莴苣莱，可是她记得清清楚楚，这些东西放进冰箱时全部都是生的，怎么会变成熟的了呢？原来这个家庭主妇离家外出时，忘记关上窗户，一个球形闪电从窗户飘进屋内，然后钻入电冰箱里，刹那间把冰箱变成了电炉，烤熟了冰箱内的食品。有趣的是，电冰箱竟然没有损坏，还能照常使用。

1981 年，一架伊尔 – 18 飞机从黑海之滨的索契市起飞。当时天气很好，雷雨云远离飞行线 40 千米。当飞机升到 1200 米高空时，突然一直径为 10 厘米左右的火球闯入飞机驾驶舱，发出了震耳欲聋的爆炸声后随即消失。但几秒钟后，它又令人难以置信地通过密封金属舱壁，在乘客舱内再度出现。它在惊乱一团的乘客头上漂浮着，缓缓地飘进后舱，分裂成两个光亮的半月形，随后又合并在一起，最后发出不大的声音离开了飞机。驾驶员立即着陆检查，发现球形闪电进出的飞机头尾部各钻了个窟窿，雷达和部分仪表损坏，但飞机内壁和乘客没有受到任何损伤。

1986年8月19日11时，湖南省古文县高望界岩托村，35人在一空房里躲雨。一个碗口大的红色火球在房间里旋转，一声巨响将房中木柱击劈开2米多长，造成5人丧命，9人重伤，9人轻伤。

1989年8月12日9点55分，球状闪电造成新中国成立以来最大的事故，山东省黄岛油库油罐雷击起火。这场意外事故使21人遇难，伤80多人，造成直接经济损失3540万元，间接经济损失8500万元。

人们通过对大量事例的分析，发现这种可怕的火球的形态，一种是球状，另一种是拖着尾巴的火球，俗称“鬼火”。这两种火球占目击实例的90%。此外还有锯齿形、椭圆形和哑铃形的。火球的直径是15~30厘米，但小的像豌豆，大的可以比得上篮球。存在时间通常只有1~8秒，极个别的能超过1分钟，仿佛幽灵似的在地面上空飘忽，速度很慢。有时也会干脆在半空中停滞不动。有时，它从云中缓慢降落，并伴有自身旋转，有时却像流星般地从云中飞坠而下，形成一个闪亮发光的火球。

神秘的球形闪电

球形闪电和一般闪电的机理不同。它是怎样形成的？为什么会成为火球形态？火球的能量来自何方？为什么球形闪电的发光时间很长（从几秒到几分钟）？火球的发光机理是什么？它为什么能保持球形并且能够移动？为什么它有时发出轻微的噼啪声而最后消失掉，有时却震耳欲聋地爆炸呢？诸如此类的问题长期以来令世界各国的科学家苦苦探寻，不得其解，各种假说相继问世。

法国科学家马季阿萨认为，球形闪电是一些大气的氮和氧的特殊化合物，它们在普通闪电的周围形成，并在冷却时消失。

苏联一位物理学家认为，球形闪电是被雷电“吹”成的泡。雷暴时，地球的电场强度提高1000倍。它击中水滴，甚至在水滴周围形成强场的枝状闪电使水滴膨胀起来。不过，这需要在小水滴内落入某种异质，如一粒灰尘或一粒沙子。当电流的电阻不断增强，水便分解成氢和氧。氢与氧燃烧形成了火球。如果由于某种原因，火球提前放电，即发生爆炸，当电荷逐渐消失时，火球便不知不觉地消失。如果火球周围的空气是静止的，几秒钟之后火球便会自行消失。使闪电放电容易，破坏它却不可能。人们甚至用枪射击过火球，然而火球并未爆炸。球形闪电之所以能飞驰，是因为它的密度接近空气的密度，能随着周围的空气运动，所以在遇到球形闪电时，站在原地不动最为安全。

新西兰坎特伯雷大学科学家阿伯拉翰森和戴尼斯认为，球形闪电是硅燃烧发光所致。该理论认为，当土壤被雷电袭击后，会向大气释放含有硅的纳米微粒，来自雷电袭击的能量以化学能的形式储藏在这些纳米微粒中，当达到一定高温时，这些微粒就会氧化并释放能量。研究人员将土壤样品暴露于跟闪电过程一样的条件下，便会产生含有硅的纳米微粒，其被氧化的速率与球形闪电平均 10 秒钟的生命周期是一致的。

球形闪电和一般闪电的机理不同，它是怎样形成的？为什么会成为火球形态？能量来自何方？为什么发光时间很长？至今仍无定论。

预防球形闪电主要方法是关闭门窗，防备球形闪电飘进室内；如果球形闪电意外飘进室内，千万不要跑动，因为球形闪电一般跟随气流飘动。如果在野外遇到球形闪电，也不要动，可拾起身边的石块使劲向外扔去，将球形闪电引开，以免误伤人群。

二、雷电更青睐于男人

在不少人看来，雷电是种神秘的自然力量。更有人说雷电是有选择性的，它不“爱”女人，反而更“青睐”男人，这种说法有无科学依据？

有关雷电选择性的最早记录见于1878年9月1日，法国博内勒地区。3个妇女和一个男人正在路上行走，忽然间雷电交加，他们只得躲到大树下避雨。女人们害怕把裙子弄脏，没有靠着树干，而那个男子则背靠着大树站在那里。突然一道闪电从天而降，男子身上的衣服瞬间燃烧起来。女人们冲过去救他，却惊恐地发现，他已经死了。

这位男子的死亡似乎可以得到科学合理的解释，但还有更离奇的雷击选择性的记载。在英国，一对夫妇同样躲在树下避雨。冷风吹过，凉意袭人，他们搂抱着站在一起。忽然一道闪电过后，女人发现丈夫不见了，只在地面上看见一小堆灰烬。原来，她的丈夫已在瞬间被蒸发了：闪电的温度是太阳表面温度的5倍。不过，这位可怜的女人自己则安然无恙。

1966年，日本发生了一起震惊全国的雷击事件。一群中学生在攀登一座不算高的山峰时，天空传来了轰隆隆的打雷声。老师用绳子把孩子们相互连接在一起，以免有人滑倒跌下山去。可是，就在此时，一道强烈的闪电刺过天空，1/3的人被击倒。倒下的全部是男孩。

当然，也有女人被击倒的记录，但这种情况要少得多。据

《吉尼斯世界纪录年鉴》记载，1975 年 12 月，雷电袭击了津巴布韦的一处农舍，现场的 21 人不论男女全部死亡，无一幸免。

不过雷电也有放“哑炮”的时候。同样是在《吉尼斯世界纪录年鉴》中，就记述了这样一件让人难以置信的事情。有一个叫罗伊·萨利凡的人，是弗吉尼亚一个公园的巡视员。他似乎特别受雷电“宠爱”，曾经 7 次被击中，但每一次他都活了下来。

1942 年，罗伊还是个孩子时，第一次被雷电击中，失去了一个脚趾。1969 年 7 月，闪电从眼前划过，罗伊失去了眉毛。1970 年，他的左肩被闪电烧伤。1972 年，他的头发又被燎净。一年之后的 1973 年 8 月，他的腿又被闪电烧伤，头发也再次被烧光。1976 年他被烧伤脚踝。1977 年则是胸部和腹部。这一次伤势很严重，他被送进了医院，但最终他又一次艰难地站了起来。

统计显示，雷电是仅次于火灾和洪水的第三大灾难。仅在美国，每年就有近 300 人遭遇雷电袭击，死亡的情况占 1/3。死者主要是男性。

这种奇怪的选择性中隐藏着什么秘密？迄今为止，这仍然是一个谜。

三、闪电“摄影”

遭到雷击的人或动物，可能在皮肤表面或毛皮之内留下某种图案或“象形文字”。

1892 年 7 月 19 日中午，黑云密布，雷声隆隆，狂风呼啸，粗大的雨点铺天盖地砸下来。这时，美国宾夕法尼亚州的海伦公园里，黑人青年拉姆和他的朋友卡邦靠在一棵大树上避雨，惶恐地望着这片被暴风雨笼罩的世界。这个时候，云层中有一道闪电炸响开来，长长的电光劈开了天空，接触到这棵大树。顿时，大树周围光亮耀眼，树身剧烈地抖动。与此同时，拉姆与卡邦感到一股巨大的热量焚烧着他们，并把他们猛击在地。他俩再也没有站起来。

来自科克的摄影书籍《中西部风暴》中的一幅 UFO 形状的云图

当人们从死者尸体上脱下衣服时，看见了令人震惊的奇景：死者的前胸印着闪电发生的地点之一角的自然景色，上边还有一片发干的略带棕色的橡树叶，以及藏在青草中的羊齿草，树叶和青草的细小筋络连肉眼也能看得清清楚楚！

这种现象早已引起了科学家们的注意。1861 年，一位名叫汤姆森的学者在英国曼彻斯特的一次科学研讨会上，读到了他搜集的与闪电有关的事件的情况，并将这些离奇的现象作为词条写入不列颠百科全书。他说，1853 年，一个小女孩在雷雨时站在窗前，结果在闪电过后，她身上出现了一棵树的完整图像。这棵树就在房屋附近。1823 年 9 月有一名水手被闪电击中丧命，他的腿上出现了一块马蹄铁的图像。在闪电出现时，他正坐在离桅杆不远处，而桅杆顶上正好挂着一块用来“避邪”的马蹄铁。闪电的强大电流经过他的脖子，再经过脊背到大腿，留下了一道灼痕，灼痕的尽头便留下这个马蹄铁的印记。在苏联，也有这样的奇迹：有 3 个孩子在雷击时躲在一棵树下，一个闪电打在那里之后，其中 1 个孩子的身上印有很精细的树枝树叶原形。

在奥地利，曾发生过这样一件怪事：一次，住在维也纳市郊的德莱金格医生乘马车回家，待他走下马车到家后，突然发现钱包被人偷走了。他的钱包是用玳瑁制成的，上有用不锈钢镶着的两个互相交叉着的“D”字。这是德莱金格姓名的缩写。就在当晚，医生被人请去抢救一个被雷电击中的外国人，那人躺在树下，已经奄奄一息。医生在检查时突然发现那个人大腿皮肤上赫然印有两个交叉着的“D”字，同他钱包上的“D”字一模一样。结果，就在这个外国人的衣服口袋里找到了失窃的钱包。你看，雷电竟然帮助破了案。

类似闪电“摄影”的怪事，在美国曾发生过多起。1957 年美国一个牧场，一位女工在雷雨中工作，忽然雷声大作，这位女工感到胸部发痛。解开衣服之后，她惊奇地发现自己的胸前有一头牛的影像。

1976 年夏季的一天，乌云满天，大雨欲来。美国密歇根州的农民阿莫斯·皮克斯正在家中吃午饭，院子里突然传来了一群猫的狂叫，叫得他心烦意乱。他走到窗前望去，只见一群黑猫在狂叫，顺手拾起一根木棍来轰散它们。黑猫们跳到柴堆上，并相互

图片拍摄于俄克拉荷马州布拉曼附近

争斗起来。就在皮克斯高举着棍子朝猫群劈下来的一刹那间，一道刺眼的闪电划过天空，巨大的雷声从天际滚落，闪电似乎穿透了皮克斯的身体，直炸得柴堆迸散，群猫四落，全都惨死在地上。在这同时，皮克斯也感到周身剧痛，手脚抽搐不止，他知道自己做了雷电的导体，挣扎着奔回屋里。妻子吃惊地跑来照顾他，却发现他左腿的裤筒连同长统鞋，已被雷电自上而下地撕裂；手表的表盖也飞走了，而手表内部的齿轮暴露在外。再一望丈夫的秃头，妻子不禁惊叫一声，吓得昏厥过去了。皮克斯不知自己头上有什么东西，忙凑到镜前一看，也吓得尖叫起来，原来在秃头上有一幅清晰的黑猫的影像：那尖锐的牙齿，竖起的颈毛，矗起的尾巴，活灵活现。到了第二天，这张"黑猫相片"自行退色变淡，至中午时分全部消失了。

闪电"摄影"这一问题，在19世纪的学者当中就有过争论，但至今都没有一个满意的解释。有人认为，闪电的光亮强烈，其光束的密度足以使皮肤烧黑。闪电，也极有可能使它和遭电击的物体间存在的一个物体变成气体。这个物体气化后产生的粒子可能嵌入人的皮肤中，留下一幅完整的图像。可是为什么这闪电“摄影”对摄影对象有选择性？为什么能穿透衣服而印在人体上？这仍是未解之谜。

四、雷火炼“金殿”

湖北省均县武当山是我国道教名山，也是武当派拳术的发源地。武当山主峰天柱峰顶端的金殿，建于明代永乐十四年（公元1416年），全用铜铸部件拼合而成，外鎏赤金，总重约9万千克，是我国现存最大的铜建筑物。大殿高耸云端、宏丽庄重。金殿的殿檐重重叠叠，宫殿的翼角往上翘，上面雕刻着许多神仙和鸟兽图案。殿壁焊接严密，殿内栋梁和藻井都有精细的花纹图案。殿内宝座、香案、陈设的器物也都是铜质金饰。宝座上真武大帝铜像重达10吨，披发跣足，衣纹飘动。左右侍立金童玉女、水火二将，均为铜铸，仪态生动，形象逼真。据明代思想家李贽《续藏书》介绍，当时为建造这座真武金殿，使“天下金几尽”。金殿经历580多年的严寒酷暑，风吹雨打，雷轰电击，至今仍完好无损、金碧辉煌、绚丽夺目。

令人惊心动魄的是，每当雷雨交加之时，这里常常出现雷击金殿的奇景。古时的金殿没有避雷设施。每年夏秋雷雨季节，当雷电交加时，金殿周围闪电奔突，不时有巨大的火球在金殿左右滚动，耀眼夺目，遇物碰撞即发生天崩地裂的巨响。有时雷电划

武当山金殿

破长空，如利剑直劈金殿，刹那间，武当山金顶金光万道，直射九霄，数十里外可见武当峰巅之上，红光冲天，其景如同火山喷发，惊心动魄，神奇壮观。

而在这无数次的雷击电劈之下，金殿却泰然自若、毫发无损。而金殿左右的签房、印房和后面的圣父母殿，均是砖木结构，自打金顶修造了这些建筑后，因“雷火炼殿”被击毁和烧毁数次，轻微的损伤就更难以胜数。20 世纪 80 年代后期，金殿后的一棵千年古松也因此而丧生。令人奇怪的是，经受过一次次雷击后的金殿，不仅毫无损坏、无痕无迹，而且更加金光闪耀、新灿如初。雷击一次，好像回炉冶炼了一次，如同古诗云：“雷火铸成金作顶”。

“奇观！奇观！”敬香的善男信女大为叹服。一个个传说越来越离奇。有人以为这是天神怕人把金殿弄脏，怕人把殿内宝贝偷走，便派雷公雨师来巡视监察。有人说，这是天神在金殿咆哮、发怒，以“雷火炼金殿”警告图谋不轨的小人。这些传说明显是迷信。然而，似乎每经一次雷轰电击，金殿都完整无损。

“雷火炼金殿”究竟是怎么回事呢？原来这是一种自然现象。

金顶上只有一座金殿，金殿与天柱峰合为一体，是一个良好的放电通道，又巧妙地运用曲率不大的殿脊与脊饰物（龙、凤、马、鱼、狮等），保证了出现炼殿奇观而又不被雷击。而其他建筑导电性能差，当雷电的强大电场无处被传导释放，便突然会爆发轰炸，建筑物自然会被击损击毁了。

为加强金顶文物保护工作，有关部门在 1980 年，对金顶安装了避雷网、避雷针。防雷问题解决了，但金殿的“雷火炼殿”奇观再也没有重现过。

金殿历经近 600 年的风雨雷电，至今仍金光夺目。这座我国古代流传至今最大的铜铸鎏金大殿，稀世国宝，它所显现的千古奇观，是明代建筑科学家和工匠们的高深学问和精湛技艺带来的异彩。而如何做到既要防雷保护文物，又要使金殿重新显现雷火炼殿的奇观，则又是现代科学工作者和文物研究家们需要解开的谜。

五、海上“光轮”

海洋，这个奇妙的世界，自古以来就流传着许多神秘的故事。在科学技术高度发达的今天，人们已经揭开了许多海洋的奥秘，但这仅仅是人类向海洋进军的第一步，还有许多问题等待人们去解答。神秘的海上“光轮”之谜就是其中之一。

1848 年，英国“丘克吉斯”号帆船在印度洋上航行。忽然，船员们看见远处有两个巨大“光轮”贴近海面向这边飞来。当它接近帆船时，大家清楚地看到这是两个一边旋转一边前进的“光轮”，其中一个“光轮”猛然擦船而过，撞倒船上的一根桅杆，并散发出一股浓烈的硫磺味。船员们被吓得跪下求上帝保佑。当时，大家把这种奇怪的“光轮”叫做“燃烧着的砂轮”。

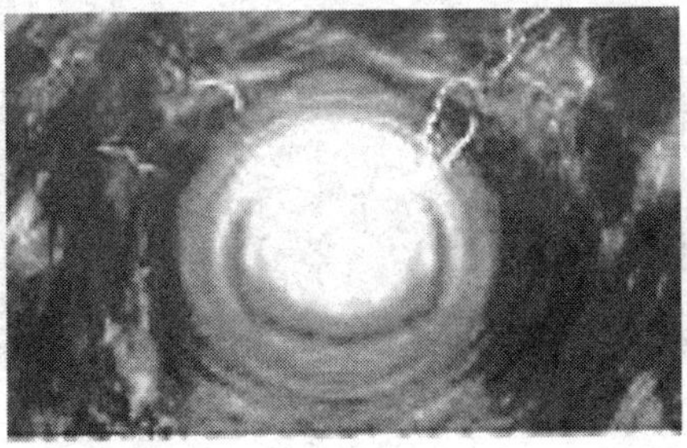

神秘的光轮

美国作家查尔斯·福特生前曾经着力收集这类怪事，他在《死鬼的书》中列举道：“1879 年 5 月 15 日，英国‘秃鹫’号军舰舰长 J·E·普兰格尔，在波斯湾看到一团奇怪的大光波，以大约 130 千米/时的速度在他们的军舰下边穿过。

“1909 年 6 月 10 日凌晨 3 时，一艘丹麦汽船正航行在马六甲海峡中。突然，船长宾坦看到海面上出现了一个奇怪的现象：一个几乎与海面相平的圆形光轮在高速旋转着。宾坦被惊得目瞪口呆。大约过了一个小时，‘光轮’才消失。”

“1910 年 8 月 12 日夜里，荷兰的‘瓦伦廷’号轮船在南中国海航行时，船长布雷耶也看到了远处一个巨大的‘光轮’。‘光轮’旋转速度很快，以致于海面也出现旋转的波纹。‘光轮’

离该船大约有 500 米，船员们都感到浑身不舒服，还有的呕吐、眩昏，直到‘光轮’在海上消失后，大家的感觉才恢复正常。”

海上闪电

1967 年有 3 艘轮船 5 次在南中国海一带遇到过巨大的“光轮”，其中有一艘是中国“成都”号轮船。船长在 1 周之内 2 次看到过“光轮”。第一次是 1 个，“光轮”四周呈乳白色雾状波浪，这些波浪宽 9 米，彼此相隔 9 米，在离水面 2.5 米的深处，以每秒起伏 2 次的节律从船下穿过。第二次是 2 个，“光轮”每秒钟闪光五六次，闪光照亮了附近几百米的海面，亮度可以看清书上的文字。

更奇特的海上光轮现象，是 1973 年“安东·玛卡林柯”号货船的船员在马六甲海峡观测到的。那是在凌晨 2 点钟，值更员远远地看到了一些光点。起初，他以为是一般的海发光，忽然间光点开始旋转，形成一条宽约 10 ~ 15 米的光带。尔后，光带的两端向同一个方向弯曲，构成一个巨大的光轮，随之做越来越快的反时针方向旋转。几分钟后，光轮又慢慢地分散成一个个小光点，然后悄悄地消失了。

海上闪电

海上“光轮”这一现象引起了人们的兴趣。很多调查人员认为，海上“光轮”是一种“电”的特殊现象。但这究竟是怎样的一种“电”呢？他们说这是由静压放电引起的。但静压放电所产生的电光属于闪电型，其光圈稍纵即逝，不可能持续那样长的时间，因而这种假说不成立。也有人认为“光轮”是球形闪电。由于它是一种带电的发光体，人们接近它时会产生不适感，甚至有被击倒昏迷过去的。然而，球形闪电一般不会如此巨大，也不会出现在水下。再说，球形闪电的光也不同，那是一种非常刺眼的光。还有人认为，“光轮”是由一种海洋浮游微生物引起的发光现象。有时，两组海浪的相互干扰，会使发光的海洋浮游微生物产生一种运动，这也可能会造成旋转的光圈。这种解释显然不符合事实。因为浮游微生物不可能发出如此强的光，也不可能每秒发射五六次光，更不可能使船桅杆折断和发出硫磺气味，以及似有目的地追随船只而行。

有趣的是，有的人说“光轮”是外星人的飞碟在海上活动造成的。可是，这又如何解释海上“光轮”都发生在印度洋或印度洋的邻近海域，而其他海域却很少发生呢？

为探明这种海上“光轮”，有不少飞机驾驶员试图跟踪它们，但也没有取得什么实质性的进展。海上“光轮”之谜，仍有待于科学家们破解。

六、雷电可以治病

1984 年 7 月 10 日，辽宁省鞍山市郊区发生了一件怪事：失明 14 年的 85 岁的王小妹老大娘，被惊雷闪电“擦”亮了眼睛，从此，结束了她失明多年的苦楚。14 年前，王小妹的左眼因患急性青光眼被摘除，1 年后，右眼也看不见了。从此，她过上了盲人生活，那墙上的手印是她十几年来用手抚摸着走路留下的痕迹。7 月 10 日，王小妹正坐在家中，一阵雷鸣电闪后，她居然能看见东西了。她儿子沈银坤不相信，伸出两个手指问母亲这是多少，王小妹立即回答：“两个！”儿子又带她到窗前，窗外的大树、房子、行人、商店，老人都认出来了。

雷　电

后来，一位名叫高正茂的眼科医生给王小妹做了检查，原来，老人那只右眼的晶状体完全自动脱位，就像白内障病人被成功地摘除似的。高医生解释说，眼球内的晶状体是具有透镜作用的透明体，当晶状体变混浊时，称为白内障，严重者就会失明。只要使晶状体脱位至玻璃体内或摘除晶状体，眼睛就能无调节地看到物体。王小妹的眼睛在7月10日前曾受到一次竹竿碰撞，可能造成部分韧带断裂，后来又遭雷电闪击，进一步撕其韧带，这样好比做了一次手术。

类似王小妹的例子在国外也曾发生过。

鲁宾逊是一名货车司机，在1971年的一次车祸中，虽然免于一死，但听力下降，视力每况愈下，1年后便双目失明，两耳失聪。1980年6月4日下午3时30分，鲁宾逊在车库旁突然感到有水滴滴在他的身上，他意识到外面正在下大雨。他赶紧拄着手杖，摸索着走回家。当他走近一棵大树时，一个霹雳向着他的头顶袭来。一时间他只觉得周身麻木，随即摔倒在地上，全然不省人事。20 分钟后，鲁宾逊醒了。他回到家里，然后上床便睡。

雷 电

1 小时后，鲁宾逊摸索着从卧室出来，告诉妻子自己遭到了雷击。喝了一些牛奶以后，便坐在沙发上直喘气。突然，鲁宾逊双眼一亮，发现自己能看见挂在对面墙上的一幅油画。他惊喜地大叫起来，他的妻子闻声从厨房里奔出来。鲁宾逊扑过去拥抱自己的妻子，激动地说："我看见了！"妻子将信将疑，问："你看见了什么？你说说挂在墙上的钟表现在是几点钟？""5 点钟。啊，亲爱的，我看见了，我看见了！""那么你也听到了我刚才说的话？"妻子问。"我也听到了，听到了！"此时，鲁宾逊激动得热泪直流，他又耳聪目明了。

对于这一现象，至今还没有一个圆满的解释。有人做过这样的猜想：雷电可以是两朵带有不同电荷的云在中和电荷时发生。而带有不同电荷的云块间能形成电磁场，电磁场能使不带磁性的铁分子排列整齐而带有磁性，也能使磁化水中的悬浮物质如碳酸钙结晶，从分布均匀的细小颗粒变成粗大疏松的颗粒。是否由于同样的道理，使得混浊的眼球晶状液变得透明起来了呢？还不得而知。

七、被雷电追逐的人

美国弗吉尼亚州油漆工苏利文，好像前世得罪了雷电似的，雷电不断地找他的别扭，他曾6次遭到雷电袭击，但每一次都活过来了，这引起了报界的兴趣和医学界的重视。

1942年，苏利文上小学时。有一天，学校课间休息，他独自一人在树下玩耍，突然被闪电击中。不过，雷击仅使他失去了右手的大拇指指甲。

雷　电

1969年，苏利文已是一位青壮年了。一天的午后，他正在户外作业，一个闪电袭来，他再次遭到雷击。这次雷击，仅烧掉了他的一撮眉毛。

1970 年，他第三次遭到雷击，左肩被灼伤。

1972 年，他第四次遭到雷击，落地雷穿过屋顶，击中他的头部，烧掉了他一小半头发。

1973 年 8 月 7 日，他第五次遭到雷击。这次他正在高速公路上驾驶着小汽车赶路回家，突然一个闪电袭来，把他从车中抛出，摔到离车 3 米远处，昏迷过去。醒后他发现仅烧掉了一些头发。他被送进弗吉尼亚州立医院，但是医生们检查不出他有任何异常现象，不久他便出院了。

后来，他又遭受一次雷击。这次伤势严重，脑震荡，神志不清，视力下降。当亲友和医生祝贺他大难不死时，他极度悲伤，以为自己前世得罪了雷电，雷电才一次又一次地找他麻烦，今后雷电也不会轻易放过他的。于是，他在医院里用随身携带的手枪结束了自己的一生。

第四章

雷电百科

雷电是发生在大气中的一种极其雄伟壮观的自然现象，它往往伴随着降雨产生，偶尔也会晴天打雷。雷电与人们日常的生产、生活和切身利益息息相关。如果我们能够多角度地认识了解雷电，使雷电带来人们的危害降到最低，这对于提高生产生活质量来说，是非常有好处的。

一、为什么雷雨前先刮风后下雨

人人都知道，雷雨前，往往先是一阵狂风，随后骤雨接踵而来，这种现象在山区更为常见。为什么雷雨前先刮风，而后才下雨呢？

刮风下雨

原因是炎热的夏季，近地面空气增温剧烈，在有利的天气系统影响下，暖湿空气势力特别强盛。尤其是在水平气流遇到山脉、高地阻挡时，一方面由于地形强烈的抬升作用，促使暖湿空气沿着山坡上升；另一方面，山地对近地层的空气又有加热作用，使空气膨胀上升，容易形成雷雨云。因此，雷雨云中，既有强烈的上升气流，又有下沉气流。

从雷雨云中下沉的冷空气到达近地面以后，会迅速向四周扩散，形成一个冷空气堆。由于下沉冷空气的密度较大，冷空气堆的气压迅速上升，形成一个冷高压，称为雷雨高压。这样，在小的区域内出现了较大的气压差，于是便刮起了风。风从雷雨高压中心向四周地面倾泻时，速度会骤然加快，一般可达每秒十几米，有时可达到30米/秒以上。

雷雨来临之前的天空

阵风过后，雷暴迅速到来，随之紧跟的是能产生降水的低气压，这时雷雨也随即出现。所以，大风往往出现于雷雨以前。

不过，并不是所有的雷雨发生之前都先刮大风。有时凶猛的狂风与雷雨同时袭来，有时布满天空的雷雨云只下雷雨而不刮大风。这是因为对于某一次雷雨天气来说，由于形成雷雨的具体时间、地点和条件不一样，再加上其本身的一些特点，所以也有例外的情况。

二、冬天为什么有时也打雷

2002年，河南各地频频出现“雷打冬”现象。1月12日早上，原阳县电闪雷鸣，小雨淅沥；温县雷声大作，电光闪闪，整个过程持续1个小时；汝阳县震耳欲聋的雷声惊醒了人们的好梦；焦作市武陟县雷声过后还降下了冰雹；而在河南省会郑州，雷电还打死了人。

不单在河南，雷声还在全国好几个地方响起。如，1 月 8 日午夜时分，山东蓬莱、龙口等地雷声大作；15 日上午 8 时 30 分，位于长江以南的浙江省嘉善县也出现了少有的“雷打冬”现象。

为何三九天还会响惊雷？

专家分析，形成雷雨云要具备一定的条件，即空气中要有充足的水汽，要有使暖湿空气上升的动力，空气要能产生剧烈的对流运动。春夏季节，由于受南方暖湿气流影响，空气潮湿，同时太阳辐射强烈，近地面空气不断受热而上升，上层的冷空气下沉，形成强烈对流，所以多雷雨。而冬季由于受大陆冷气团控制，空气寒冷而干燥，加之太阳辐射弱，空气不易形成剧烈对流，因而很少发生雷阵雨，更不要说降冰雹了。但暖湿空气遇上冷空气被迫抬升后，对流加剧，也可形成雷阵雨，在暖湿气流特别强、对流特别旺盛的情况下，还可降雹。

2002 年，黄河以北部分地区气温持续偏高，11 日，河南一些地方最高气温甚至超过 20℃，受江淮之间快速北抬的西南暖湿气流影响，长期控制本地的干暖空气与扩散南下的弱冷空气相互作用，就形成了这种不稳定天气，使当地发生雷暴的初日比历年大大提前。而在山东，烟台地处沿海，相对较高的海面温度与高空冷空气相遇后，形成强对流，导致雷电产生，原因主要也是由于前期气温偏高，西南暖湿气流活跃，碰到小股冷空气影响后，产生了类似夏季的雷阵雨天气。

冬季街景

在古时，由于人类认识自然的能力有限，古人认为一切天象变化皆与人事相通，诸如白昼昏暗，夜晚明亮，山岭崩裂，河流干涸，冬天打雷，夏天降霜，气候失常，南冷北暖，都会被当作是某种征兆。宋代的真宗皇帝就曾利用人们这种心理，在长达14年的时间里，自欺欺人地伪造出“天书”，每当“天书”降临，百官争言祥瑞。唯有龙图阁侍制孙某对真宗说：“我听过一句话：‘天何言哉！’天连话都不会说，怎么会有书呢?”他还一针见血地揭露群臣的丑态：“现在见到一只野雕、山鹿就当成祥瑞奏报，连冬天打雷这类事情也要作为吉兆称贺，而在背地里取笑的人有的是。”

今人对自然的认识就客观多了，对古人视为异数的“雷打冬”现象，民间就很平和地总结出“冬天打雷雷打雪”，也就是说冬季打雷说明空气湿度大，容易形成雨雪；民间又有“雷打冬，十个牛栏九个空”的说法，意思是说，冬天打雷，暖湿空气很活跃，冷空气也很强盛，天气阴冷，连牛都可能被冻死。

尽管如此，依旧不可否认，在科学技术高度发达的今天，四时之变，在人们眼里仍然充满了玄妙。事实上，也正是这种未知，召唤着人类对科学探求的脚步永不停息。

三、雷电为什么会与雪花相伴

当天空阴云密布，高空云中的气温在0℃以下时，云中的水汽就凝结成雪。雪花从云中落下来，但落到地面上是雪还是雨呢？这就要看近地面层几百米以内的温度了，如果近地面层的气温比较高，雪花降落时，就会在近地面层低空中重新融化，成为雨滴，这时我们看到的就是落雨。相反，如果近地面层的气温比较低，雪花不能融化，这时就下雪了。一般来说，地面气温在3℃或2℃以下时，就会出现下雪的现象。

雷暴天气

雷暴则是因为暖湿气流受到冷空气或山脉的作用，向上抬升，产生积雨云时发生。如1970年3月12日晚上，我国长江中下游就出现了下雪天打雷现象。当时近地面层的冷空气从华北南下到长江中下游地区，傍晚以后，该地区的气温下降到0℃左右，具备了下雪的条件。当时南下的冷空气与北上的强盛的暖湿气流在这一地区汇合，暖空气沿着低层冷空气猛烈爬升，于是在将要下雪的层状云中发生了强烈的对流现象，形成了积雨云，所以就会产生一面下雪、一面打雷的天气现象。

出现雷电伴大雪的罕见现象主要是冷空气和偏南暖湿气流在交汇和碰撞中产生了巨大能量，便有了打雷闪电，而高空和低层大气的温差也为冬季出现雷电创造了强大动力。

这种天气变化在气象史上是非常少见的，目前在气象学上也没有给它任何定义。一般来讲，每年的九十月份就很少会出现打雷了。这种天气非常少见，曾在1979年11月3日北京出现过打

雷情况，但是当时没有记录是否有雨雪。这次是第二次，这是有气象记录以来，一年中出现最晚的雷声了。

四、闻雷可以识天气吗

闪电、打雷是天气变化的产物，根据它们出现前后的不同情况可以预测未来的天气。

夏天，我们有时看到一块乌云滚滚压来，轰隆轰隆地不断响起雷声，来势很猛，似乎有一场大雨即将倾盆而下。但是，雷声响过一阵之后，仅仅下了几个小雨滴，就很快雨过天晴了。原来，按形成原因不同，雷雨可分为 2 种：一种是由于冷空气爆发南下，暖空气被冷空气猛力抬升，形成很高大的雷雨云，在气象学上叫锋面雷雨；另一种是由于局部地区受热不均匀，空气的热对流作用很强，暖热的空气猛烈上升，形成雷雨云，在气象学上叫热雷雨。锋面雷雨范围广，持续时间长，常常是先雨后雷；而热雷雨范围小，持续时间短，雨量小，常常是先雷后雨。所以，谚语有“先雷后雨，其雨必小；先雨后雷，其雨必大”，“雷轰天顶，虽雨不猛；雷轰天边，大雨涟涟”。

盛夏、初秋时节的傍晚，我们常常可以看到天边有隐约可见的闪电，好像即将有一场雷雨来临。但是，等了很久，仍然只见闪电，不闻雷声，也没有雷雨。这正如谚语说的：“闪电不闻雷，雷雨不会来。”这是为什么呢？闪电和雷声虽然同时出现，但是闪电和雷声传播的距离不同。在夜晚，正常人的视力可以看到 100 千米远处的闪电，而正常人的耳朵只能听到 30 千米远处

发生在城市中的雷电现象

的雷声。所以，当出现闪电不闻雷时，说明雷雨云距离本地区还比较远。入夜之后，空气对流减弱，雷雨云开始衰退，不会影响本地了，所以雷雨不会来。

根据闪电出现的方位，也可以预测是否会下雨。在长江中下游地区流传有“南闪火门开，北闪雨就来”的说法。这是因为出现在北方的闪电往往是锋面雷雨，随着冷空气的南下，雷雨就会影响本地。而出现在偏南方的闪电，多数是局地性的热雷雨，一般不会向本地移来。

“一日春雷十日雨”。这是流传在长江下游地区的一句天气谚语。春季，长江下游地区仍然受北方冷空气控制，气温比较低，一般不会出现打雷现象。如果出现打雷，表明当时南方暖湿空气特别活跃，未来冷暖空气在长江下游地区交汇的机会更多，阴雨天气持续更长。

“小暑一声雷，倒转做黄梅”。这是流传在长江下游地区的又一句天气谚语，意思是小暑日出现雷声，那么未来仍然有一段时

春 雨

阴时雨的梅雨天气。这是因为按一般的规律，到了小暑，北方冷空气势力已经减弱，退居到黄淮流域，长江中下游地区的梅雨季节应该结束，开始进入伏旱季节。但是，由于各年冷暖空气的势力和进退早晚不同，因而梅雨结束、伏旱开始也就有早有晚。有的年份冷空气势力强，到了小暑节气还不断南下，冲击抬升暖空气，造成雷雨。同时，由于冷暖空气再次在长江中下游对峙，会继续出现一段时阴时雨的天气。

五、飞机怕雷击吗

2004 年 5 月 28 日，一架执行慈善募捐宣传任务的南非小型飞机从我国桂林飞往长沙。备降途中，飞机突然坠毁，机上一名南非籍飞行员遇难。

2005 年 8 月 5 日，在加拿大多伦多皮尔逊机场，一架法航地空客 A340 降落时冲出跑道，一头栽进沟里，客机机身断裂并起火。

2007 年 8 月 8 日，一架 B6205 飞机被送往沈阳飞机维修基地，维修人员惊奇地发现，该飞机的左升降舵后缘、左发尾喷口、左侧机身等部位出现了 10 多处焦黑的“伤口”。

2007 年 10 月 29 日，一架从首都北京机场起飞地国航 CA4174 次航班“惊魂未定”地降落在昆明机场。地勤人员立刻发现，飞机前端的雷达罩上一片焦黑，正中间出现了一个直径约 50 厘米的大洞。

……

飞机遭雷击

那么，什么原因导致了上述的事故发生呢？一个共同点引起了事故调查专家们的注意，那就是：事故发生时，天空中都下着倾盆大雨，雷电交加，乌云密布……最终，专家们一致认定，雷击是这些事故的罪魁祸首。

众所周知，紧贴着地球表面的一层大气为对流层，对流层上方的大气层为平流层。平流层的空气是水平流动的，离地面较高，没有风雨、雷电等自然现象。换句话说，风、雨、云、雾、雪等气象变化仅在对流层内发生，因而绝大多数情况下飞机都选择在平流层内航行。这样一来，飞行起来将十分安全。尽管如此，飞机总是要起飞、降落以及在机场停放的，这时难免不会遭到雷击。

统计数据表明，在我们生活的地球上，平均每秒钟要出现100次左右的电闪雷鸣，而飞机每飞行数万小时就可能遭雷击一次。根据国际民航组织的报告，尽管飞机遭“雷击”是常有的事，但大多数情况下飞机都能够安全降落，机毁人亡的重大事故只占其中的极少数。之所以如此，主要原因是在空气吹拂、水汽摩擦、带电云团感应以及雷击之下，空中飞行的飞机很容易变成一个巨型的带电体。所幸的是，由于飞机大多是由轻金属构成，机体表面积很大，因此，不管是与空气摩擦产生的静电也好，还是闪电产生的瞬间电流也好，都会因为趋肤效应（又叫集肤效应，当高频电流通过导体时，电流将集中在导体表面流通），而使电荷或电流只停留在机壳的表面。与此同时，这些静电荷或者电流通常又会流经飞机的金属表面并最终通过翼尖、机翼后缘或机身伸出的放电刷释放出去。

因此，总的来讲，即使是遭到雷击，飞机内部的乘客及设施基本上应该还是安全的。

雷击过程

尽管遭到雷击时，飞机乘客及设施基本上是安全的，但雷击仍然会给飞机或飞行安全带来一定的危害，少数情况下甚至会导致灾难性事故的发生。

1. 雷击可能损伤机体的金属表面。有资料表明，在飞机雷击事件中，飞机机翼、机身及尾翼被雷击中的概率约为58%。当雷击中飞机的机身、机翼、尾翼等部位时，雷击产生的强大电流流经机体的金属表面，最后通过机翼后方或机身上的放电刷释放。但是，在雷电击中点、机翼后缘、蒙皮接缝及放电点等处，电流往往尤为集中；集中的强电流会在瞬间产生大量热量，这常常会使得上述局部位置的金属材料熔化、表面涂层烧焦，蒙皮上留下凹坑甚至烧蚀洞。

2. 雷电形成的高电压可击穿飞机的雷达罩。尽管现代飞机的蒙皮多为轻金属材料，但是，绝大多数民用客机的头部都安装了一个玻璃纤维等绝缘材料制成的雷达罩，雷达罩的目的是为了保护罩内的机载雷达，并保证雷达波自由通行。据统计，在飞机雷击事件中，雷达罩被雷击而导致破坏的的概率约为20%，已成为飞机上最容易发生雷击破损的对象，之所以如此，主要有两方面的原因：①当雷击中雷达罩时，绝缘的雷达罩不能迅速地将电荷传导至机身，因此，大量聚集电荷很容易形成的高电压而将雷达罩击穿，进而损坏机载雷达的微电子组件。②雷达罩位于飞机的鼻头，该部位非常突出，是雷电最喜欢“修理”的地方。

3. 雷击产生的光辐射，可能造成飞行员暂时失明。当雷电击中飞机以及电流流经飞机表面时，通常会产生刺眼的电弧光，这种光辐射持续时间有时可长达20～30秒，严重时可造成飞行员暂时失明。此外，巨大的雷鸣声也会给飞行员心理上带来震撼和恐慌，飞行员手忙脚乱之下极易造成飞行事故。

4. 雷击以及电流流经飞机表面时会产生强大的电磁场，这种电磁场有可能使飞机设备磁化而无法正常工作，也可能使结构件产生变形和破裂。如无线电罗盘被磁化，无线电通讯受干扰等等。

5. 尽管多数飞机上都安装了放电刷，但是，飞机机身上往往还带有一定的剩余静电，如果这些电荷不设法释放，一旦飞机落地，它们就会极力寻找宣泄的通路，例如地勤人员、油灌车一旦靠近，这些电荷便伺机释放所有的电能，产生所谓的“跳火”的现象，导致人员伤亡、器材设备损坏，甚至引燃油发生爆炸。

此外，当油箱被闪电击中的话，也有可能发生油箱燃烧或爆炸。

那么，现代飞机都采用了哪些防雷击措施呢？基本上可以总

首都机场内，一架国航飞机的机头雷达部位被雷击中

结为“避、放、导、防”四个字。

1. “避”，就是飞行员通过对雷电的监测，譬如利用飞机上配置的气象雷达或地面的气象预报等，实时获得当地的气候情况，让飞机尽可能远离雷电云带。

2. “放”，就是在机翼、翼尖或机身等处安装放电刷。当雷电产生的电流通过飞机或者飞机因空气摩擦带静电时，电流会瞬间通过放电刷释放到机身外。对于小型飞机，由于飞机累积的电荷一般不会太多，机翼尖端可自行放电，因此可无需安装放电刷。但对于大型飞机，飞机主翼或尾翼安装的放电刷数量有时甚至可多达十几个。此外，许多飞机机身上还装有避雷带。当飞机着陆或停放时，避雷带与地面相接，就像油罐车配备的拖地铁链一样，可以把剩余静电传给大地。

所谓“导”，就是在雷达罩、复合材料垂尾等非金属结构中安装良导体分流条，这些分流条和飞机金属外壳相接。一旦这些非金属部位遭到雷击，分流条可迅速将电流疏导至飞机表面蒙皮，进而电流由放电刷释放掉。

4. “防”，就是在设计飞机时，就要充分考虑到雷击问题。如，把飞机分成若干雷击性质相近的破坏区域，然后根据各区域的可能被破坏情况，决定飞机上的一些电子仪器适宜安装在哪个位置，以利于远离雷电过压突波可能造成的破坏；再如，采用密封性佳、防止火花引爆的结构油箱，使用低燃性燃油，加厚燃油门等。总之一句话，必须保障飞机遭雷击后，无论其损坏部分是电机设备、电子仪器还是油箱或机身结构，都不可以影响飞机的继续安全飞行。事实上，现在多数飞机在投入使用之前，都会在实验室进行这样或那样的防雷击安全试验。此外，美国联邦航空条例也明确规定，“飞机必须能够承受灾难级闪电的袭击，在任何可预见的情况下，飞机的设备、系统都能发挥其基本功用”。

六、打手机会不会引发雷击

“手机引雷”一说始于 2003 年在张家港发生的一起雷击事件，当时造成了一死一伤的后果。事后，专家给出的结论是：“由于雷电的干扰，手机的无线频率跳跃性增强，这容易诱发雷击和烧机事故。”2004 年 7 月 23 日北京居庸关长城遭到雷击，正在一烽火台避雨的 10 余名游客受到不同程度伤害。随后，北京部分知名媒体公布了对该事故原因的调查结果，认定事故原因为一老者在雷雨天气使用手机，引发感应雷而引起的。此后，“在雷暴天气不能打手机”、“在雷雨天气应慎用手机”等警告便随处可见。

打手机究竟会不会引发雷击呢?

在雨中使用 iPod、手机等电子设备，会有雷击危险

有专家认为，雷雨天时，大气环境中气流流动加快，就像摩擦生电一样，使云层产生大量的正电荷，而地面产生大量的负电荷。此时，若有某一触发机制，使正负电荷相接，就会在瞬间放电，从而形成天空与地面之间的放电现象，俗称雷击。其中，打手机就属于触发机制之一。在另一种情况下，当雷雨云所带的电荷使空中的电场达到一定强度时，开始引起空气中分子的电离，最后发展至击穿空气的绝缘层，正负电荷发生放电而中和，这种云层与云层之间的放电现象即人们日常所说的雷电。由于手机电磁波是雷电很好的导体，电磁波在潮湿大气中会形成一个导电性磁场，极易吸引刚形成的闪电，导致雷击。

在装有避雷装置的公共场所，打手机引发雷击的可能性很小。在此环境中，雷电仅仅会干扰手机信号，严重时也不过是损坏手机芯片，对人体不会造成致命伤害。但是，在雷击时处于高山、旷野、河滩等空旷地带，打手机就变得非常危险。此时，人体成了地面明显的凸起物，手机无疑就充当了避雷针的作用，极有可能成为雷雨云选择的放电对象。

同时，手机不仅仅是使用时能传导雷电。只要手机与通讯网络接通，与基站保持联络，就有电磁波发射或接收，也就是说，即使不处于通话状态，同样可能引发雷击。

关于这种说法，也有专家持反对意见，长期从事高电压及防雷保护的试验和科研工作的专家梅忠恕就是其中一位。他认为，“手机引雷”之说缺乏科学依据。只要处于安全的位置，在雷雨天同样可以打手机。

电磁波是变化的电场和磁场传播行进的波，不是一般意义上的物质，不可能导电。如果手机的无线电电磁波能够导电，那么各种无线电、电视广播天线以及依靠无线电通信和导航的飞机也不可避免地要遭受雷击了，而我们充满电磁波的生活空间也就成了“很好的导体”。

在雷雨天气打雷是可能干扰手机通话的，干扰的后果是听见“咔咔”声，而不是使“手机的无线频率跳跃性增强”。手机的无线电信号频率是固定的，即使在雷电的干扰下，也不可能有所改变。

雷雨天气

针对“手机电磁波是否能使空气电离，电离后的空气是否可能导电”这个问题，梅忠恕指出，空气的游离分碰撞游离、光游离、热游离和表面游离 4 种，其中，与电磁波有关的是光电离。光电离是指气体分子在电磁射线（即电磁波）作用下的游离。能使气体分子游离的电磁波的波长取决于气体分子的游离能。气体分子的游离能越大，要求电磁波的波长越短。在所有物质中金属铯蒸汽的游离能最小，能使铯蒸汽游离的电磁射线的波长应小于 318.4 纳米。这样波长的电磁波在光谱中属于紫外线的范畴。可见光的波长比紫外线长，因此，光实际上是不起游离作用的。空气中各种气体分子，如氧、氮、水蒸气、二氧化碳以及稀有的氢、氦等，他们的游离能都比铯大几倍，光就更不可能使它们游离。手机的电磁波属于无线电电磁波的范畴，而无线电电磁波的波长比可见光的波长大得多，因此更不可能使空气分子游离。

中国气象协会雷电防护委员会秘书长、高级工程师杨维林也认为，关于“手机引雷”之说，从频率功率等方面来说，是没有确切根据的。但是，如果处在空旷的地方，并且地势比较高，最好还是关掉手机电源。

七、遭受雷击的人还能活命吗

应该说，几千万伏特的电荷和几十万安培的电流瞬间就能让人毙命，可有些人却活了下来，而且这种人还不在少数。比如说，美国每年就有近900名这样的人。美国约翰·霍普金斯大学的神经病医生纳尔逊·亨德列尔说，那些侥幸遭雷击，但是活下来的人非常希望有科学家去研究他们。

雷 电

有人认为，闪电和裸露的电线是一回事，一碰着就不会有好结果，其实并不是这样。有时闪电甚至都不会在身体上留下任何痕迹，但是穿透了内脏。或者恰恰相反，只从外面一过，燎着了衣服，烧着了皮鞋。

亨德列尔医生还听说过有这种事：遭雷劈的人身上的汗沸腾起来，全身笼罩着水蒸汽。有人还说遭雷击后他裤兜里的硬币成了一个银球，另一位说是金牙，还有人是脖子上的项链和裤子开口处的拉链被烧结成块……然而他们都活了下来。

神经像电线一样“燃烧”的研究结果表明：遭雷击的人之所以能活命，是因为强大的电流有时是在几百万分之一秒的瞬间“击透”全身，所以未能总是烧成灰烬。关键是要看体内器官和组织平均值为700欧姆的抵抗力，这个抵抗力越大，后果便越严重。据美国伊利诺伊大学专门研究雷击外伤的专家和复苏师玛丽·埃因·库佩尔说，人遭雷击时首先是作为体内电路的神经纤维“起火”，不过最多是其保护膜受损，这种保护膜就其实质很像电线中的绝缘体。人遭雷击恢复常态后，甚至都没能感觉到有什么变化。有时得几个月后才有所感觉，到那时神经纤维开始“变短”，在一些不该有的地方有了接触。

雷 击

确实，不少遭遇过雷击的人都曾抱怨自己的动作不够协调，有抽搐、耳鸣和周期性小便失禁现象，还抱怨变得爱发火了。不过也有情况变好的。捷克有个叫扬·格洛瓦切克的说，他遭雷击后阳痿的毛病给治好了。据玛丽·埃因·库佩尔说，那是因为他的脊髓出现了短路，结果出现了新的接点，恢复了负责勃起的神经冲动的传递。

雷击有可能使人眼睛爆裂，还有可能不省人事，有的甚至导致记忆完全丧失。据亨德列尔医生说，她的病人中有一人在遭雷击后“忆起”了童年，举止完全像个2岁的孩童。另一个人失去了短时间的记忆，刚收起来的东西转身就找不着了。一查看体层X线照片，才发现是闪电断开了这些人大脑的很大一部分。不过，它的损伤处照例都是一下子在好几个地方呈点状散布，科学家现在时兴叫这为“瑞士干酪头”。那意思是说，外伤，也就是“融化的”区段，像干酪的窟窿眼一样零零散散。到底什么地方会出现“窟窿眼”，这谁也不可预知，因为大气电流在脑袋里的途径深不可测。

雷电是无法预知的，所以谁也不敢绝对保证不会遭它袭击。所以还是应该采取预防措施，以减少其概率。

八、为什么不能在大树下避雨

外出遇雷雨时需要加强防雷击意识，切勿把大树当雨伞。因为在众多的雷击伤人毁物事故中，大树招雷击最为常见。

树下避雨，小心雷击

2007 年 6 月 26 日下午 2 时许，浙江临海市杜桥镇下起暴雨，躲在一处宅基地上的 5 棵大树下正在避雨的 29 位村民，突闻一声巨响，全部被击倒在地，其中 17 人死亡，多人被严重击伤，附近民宅的家用电器也遭受不同程度的损坏。

2009 年 7 月 20 日 12 时 30 分，云南永平县境内突降雷雨，一时间暴雨肆虐、电闪雷鸣、电光不绝、巨响不断。

雷雨袭来时，3 名少年正在该村山上放牧牛羊。巨雷闪电加上冷雨淋，吓得 3 人瑟瑟发抖，3 人不约而同便向着坡头最大最高最茂密的那棵大青树跑，跑到树下，3 人刚松了口气，至少可以少淋些雨了。没想到，电光直击过来，从 20 多米高的树冠上噼里啪啦闪着电火窜下来，3 人只觉一阵电击似的刺麻，便都倒在地上。幸存的 17 岁的姚小波（化名）醒来后，发现两个同伴 18 岁的小姚、28 岁的大姚都倒在地上，两人身体露出的部位都是焦黑的。

雷雨持续了半个多钟头，稍有平息后，有路过的人发现了姚小波便忙打电话求救，可惜大姚、小姚已经死亡。姚小波伤势虽严重，但经抢救已脱离生命危险。

被雷击倒的大树

也许有人不禁要问，为什么大树容易招雷呢？众所周知，夏季电闪雷鸣是一种十分常见的天气现象，气象学上把它称为“雷暴”。雷暴是发生在积雨云（一种空气对流很旺盛，云底高度很低、云层很厚、颜色发暗的云）底部和顶部两种不同性质电荷之间或带电云体底部与感应起电的地面凸起建筑物或高大树木之间的放电现象。雷暴之所以青睐空旷地区高大的树木，这是由于雷雨天气中，空兀的大树实际上在扮演着避雷针的角色。因为树木被大雨淋湿后，如同披上了一件“水衣”，从而成为电的良导体。此时的高树与带电云底之间的距离与周围相比又是最短、电场强度最强，当然也就最容易引雷入地了。大量的电荷流经树干进入大地以后就会在大树周围形成电学上称之为“跨步电压”的电磁场。当跨步电压超过人体承受力极限时就会对人构成生命危险，致人死亡。

所以，在郊外如遇雷雨，应尽量选择低矮、干燥并且远离高压电线的地方避雨，而千万不要在高树下避雨。

九、人体带电是怎么回事

风高物燥的冬天，在日常生活中常常会碰到一些奇怪的现象：老朋友见面，彼此指端刚刚触及，还未握手时，突然感到指尖蜂蛰般刺痛，令人大惊失色；早上起来梳头，越理越乱，甚至还怒发冲冠，令人尴尬；晚上脱衣服睡觉时，黑暗中除了听到噼啪的声响外，还伴有蓝光，令人惊异万分；临床医生还发现一些心律失常的心脏病人，无法查找到器质性病变及诱因，然而建议改穿纯棉衣服之后，心律很快便恢复正常。

所有这些令人莫名其妙的怪现象，只不过是静电和我们开的一些小小“玩笑”罢了。

静电会让你在接触别人时麻一下，也会让你的头发站起来

静电是一种自然现象，在日常生活中无处不在。据测量，人走过化纤地毯时的静电大约是3.5万伏，翻阅塑料说明书时大约为7000伏。产生静电的原因主要有摩擦、压电效应、感应起电、吸附带电等。

人体所带静电的电压有时会高达上千伏，这时如果发生静电放电，足以引起可燃气体、爆炸性混合物发生燃烧、爆炸。1979年8月16日下午，陕西省西安市某厂13车间因人体带电发生汽油爆炸事故，当场有6人死亡，15人被烧成重伤，经济损失惨重。当时工人都穿着泡沫塑料凉鞋，这种鞋的电阻率很高，浸透大量汽油的混凝土地面，电阻率也很高。人们穿着泡沫塑料凉鞋在这样的地面上走动时，很容易产生静电。当时，空气又比较干燥，静电容易积聚。由于带静电的工人接近钢管，引起静电放电，导致汽油蒸汽爆炸，酿成惨祸。

如果人体所带静电过高，还会令人身体不适，还会引起头痛、失眠和烦躁不安等症状甚至导致皮疹和心律失常，对神经衰弱者和精神病人危害就更大。

如何消除危害人们健康的静电，下面的方法简单易行，不妨一试：

1. 室内空气湿度低于30%时，有利于摩擦产生静电，若将湿度提高到45%，静电就难产生了。因此，低湿天气出现时，不妨在家里洒些水，不便弄湿地板的地方，放置一两盆清水，同样可以达到增加室内空气湿度的目的。

2. 电视机工作，荧屏周围会产生静电微粒，这些微粒又大量吸附空中的飘尘，这些带电飘尘对人体及皮肤有不良影响。在此，电视机不能摆放在卧室。人们看电视时要打开窗户，同电视机保持2～3米距离，看完之后要洗脸、洗手。

3. 对老人、小孩、静电敏感者、查不出病因的心脏病人、神经衰弱和精神病患者等建议在冬季穿纯棉内衣、内裤，以减少静电对人的不良影响。

将梳子浸在水中，可以防止头发静电

4. 当头发无法理顺时，将梳子浸在水中，等静电消除之后，便可随意梳理了。

5. 勤洗澡、勤换衣服，能有效消除人体表面积聚的静电荷。

6. 赤足有利于体表积聚的静电释放。因此，休闲时，不要放过赤足的一切机会。

十、避雷针的神奇所在

夏季常有雷阵雨，有时候电闪雷鸣，很是吓人。而事实上雷电的破坏力也是极其惊人的，往往造成电力、通讯等设施的破坏，甚至不时有人员的伤亡。因此，人类在很早的时候就开始探求避免雷击、驯服雷电的办法。

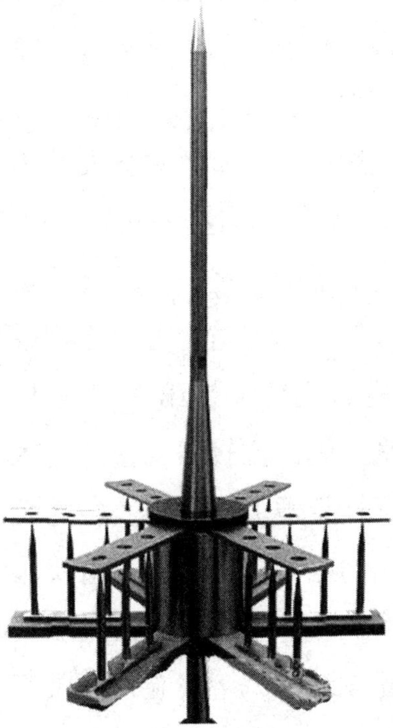

避雷针

在中国，早有类似避雷针的装置。唐代《炙毂子》一书记载了这样一件事：汉朝时柏梁殿遭到火灾，一位巫师建议，将一块鱼尾形状的铜瓦放在层顶上，就可以防止雷电所引起的天火。屋顶上所设置的鱼尾开头的瓦饰，实际上兼做避雷之用，可认为是现代避雷针的雏形。

法国旅行家卡勃里欧别·戴马甘兰 1688 年所著的《中国新事》一书中记有：中国屋脊两头，都有一个仰起的龙头，龙口吐出曲折的金属舌头，伸向天空，舌根连结一根细的铁丝，直通地下。这种奇妙的装置，在发生雷电的时刻就大显神通，若雷电击中了屋宇，电流就会从龙舌沿眼睛行至地底，避免雷电击毁建筑物。这说明，中国古代建筑上的避雷装置，在大批量和结构上已和现代避雷针基本相似。

现代避雷针是美国科学家富兰克林发明的。富兰克林认为闪电是一种放电现象。为了证明这一点，他在 1752 年 7 月的一个雷雨天，冒着被雷击的危险，将一个系着长长金属导线的风筝放飞进雷雨云中，在金属线末端拴了一串铜钥匙。当雷电发生时，富兰克林手接近钥匙，钥匙上迸出一串电火花。手上还有麻木感。幸亏这次传下来的闪电比较弱，富兰克林没有受伤。

在成功地进行了捕捉雷电的风筝实验之后，富兰克林在研究闪电与人工摩擦产生的电的一致性时，他就从两者的类比中作出过这样的推测：既然人工产生的电能被尖端吸收，那么闪电也能被尖端吸收。他由此设计了风筝实验，而风筝实验的成功反过来又证实了他的推测。

他由此设想，若能在高物上安置一种尖端装置，就有可能把雷电引入地下。把一根数米长的细铁棒固定在高大建筑物的顶端，在铁棒与建筑物之间用绝缘体隔开；然后用一根导线与铁棒底端连接；再将导线引入地下。富兰克林把这种避雷装置称为避雷针。经过试用，果然能起避雷的作用。避雷针的发明是早期电学研究中的第一个有重大应用价值的技术成果。

避雷针在最初发明与推广应用时，教会曾把它视为不祥之物，说是装上了富兰克林的这种东西，不但不能避雷，反而会引

闪电击中避雷针

起上帝的震怒而遭到雷击，但是，在费城等地，拒绝安置避雷针的一些高大教堂在大雷雨中相继遭受雷击。而比教堂更高的建筑物由于已装上避雷针，在大雷雨中却安然无恙。

由于避雷针已在费城等地初显神威，它立即传到北美各地，随后又传入欧洲。

避雷针传入法国后，法国皇家科学院院长诺雷等人开始反对使用避雷针，后来又认为圆头避雷针比富兰克林的尖头避雷针好。但法国人仍然选用富兰克林的尖头避雷针。据说当时的法国人把富兰克林看作是苏格拉底的化身，富兰克林成了人们崇拜的偶像。他的肖像被人们珍藏在枕头下面，而仿照避雷针式样的尖顶帽成了1778年巴黎最摩登的帽子。

避雷针传入英国后，英国人也曾广泛采用了富兰克林的尖头避雷针。但美国独立战争爆发后，富兰克林的尖头避雷针在英国人眼中似乎成了将要诞生的美国的象征。据说英国当时的国王乔治二世出于反对美国革命的盛怒，曾下令把英国全部后家建筑物上的避雷针的尖头统统换成圆头，以示与作为美国象征的尖头避雷针势不两立，这真是避雷针应用史上一件有趣的事情。

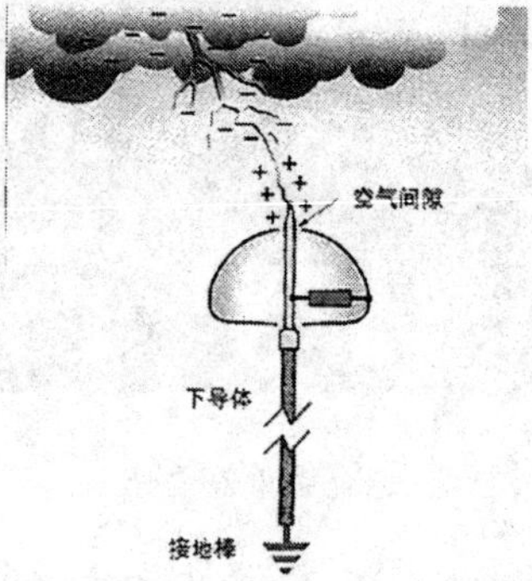

避雷针组成结构

避雷装置一般由接闪器、引下线和接地体3部分组成。避雷针只是接闪器的一种形式，是吸引闪电电流的金属导体，然后通过引下线把闪电电流引到接地体上。接地体是埋设在地下的导体，它可把闪电电流泄放到大地中去。

避雷针对于保护建筑物是很有益的，从安全角度看，最好对所有建筑物都进行防雷。高大的建筑物较易受雷击，然而，据国外一份资料统计，低矮民房受雷击的事例还是不少的，美国每年平均有2000多户民房遭雷击。为此，对一般居民来说普及有关防雷的知识还是很必要的。

安装避雷装置，要遵守下列主要原则：避雷针必须高于一切被它保护的建筑物。装置的各部分连接要牢靠，应采用电焊或气焊，不许采用绑接和锡焊。如果避雷装置接地下不好或安装不合规格，那么被它吸引的闪电电流就可能流窜到建筑物的其他部分，从而造成破坏。

现代建筑就采用一种新的既经济又安全的防雷设施，称之为“暗装笼式避雷网”。把建筑物中的金属结构沿钢筋连成一整体，构成一个大型金属网笼。这种笼式避雷网既起屏蔽作用，又充当引下线，是一种更加经济、美观的安全的防雷方式。你到大街上转一转，可看到很多新楼的屋顶上不再有高耸的金属杆和引下线了，那就是因为它们已用上笼式避雷网了。屋顶的各种金属物都用导体连到笼式避雷网上。在屋顶四周还应布设一条金属带，称避雷带，把它与避雷网接上。

那么，安装了避雷装置的建筑物是否就万无一失不遭雷击了呢？那不一定。有些高大建筑物虽安装了避雷装置，但因接地线断裂等原因而“有形无用”了。可见，要确保避雷装置发挥效能，不但要正确设计、正确安装，还要经常保养，使它经常处于良好状态，这样一般就可免受雷害了。

十一、我国古代建筑是如何避雷的

翻看中国浩瀚的文史资料后，人们会惊奇地发现：有着五千年悠久历史的中国不但有造纸、火药、指南针和活字印刷这四大发明，同时也是直击雷防护技术上的领先者。

从我国传统的五行、八卦学说解释，八卦中“震”卦为“雷”。八卦与方位相结合时，则有“南离、北坎、东震、西兑”的规定，又有“南属东雀、北属玄武（龟蛇)、东属青龙、西属白虎”的说法，认为“雷从龙”，这样，我国古代人们就把“雷”与“龙”联系起来。为了避免建筑物被雷击，就必须建造避雷设施，就要安装“镇龙”设施。我国古建筑上有许多称为“镇龙”的设施实为避雷装置。

沈阳故宫古建筑上的避雷设施

这些“镇龙”装置与近代的避雷针的避雷原理相同。我国一些古塔的尖端常涂一层有色金属膜，采用容易导电的材料与直通到地下的塔心柱相连，柱下端又与贮藏金属的“龙窟”相连。还有许多古建筑物的屋顶有着一种叫做龙的装饰物，它的头仰向天空，张着嘴，向上伸出的舌头是一根尖端的金属芯子；另一端和埋藏在地下的金属相连，能让雷电跑到地底下去而不损坏建筑物。另外，在许多古塔与宫殿上设置“鸱尾”，在屋顶上设置动物状的瓦饰，在高大殿宇里常设有所谓“雷公柱”之类的避雷柱。这些设施都与大地相通，形成了良好的导电通道。

在古建筑上装置尖端金属物使其具有避雷功能的史实很多。比如，湖北随州厉山会馆的龙凤日月旗杆有避雷作用，会馆从来没有遭雷击。1190～1209 年金章宗在位时，他每年 4 ～8 月上万寿山顶去避暑。为了山顶的建筑具有避雷效果，他在万寿山绝顶广寒殿旁设置几丈高的铁杆，上端安装尖的金葫芦，用铁链系好，并通过铁杆与大地相通，以便达到“镇龙”防雷的目的。

另外，我国古代人们从雷电对物质作用时所表现出的导电效果中，已初步获得了一些有关导体和绝缘体的感性认识。人们从对落雷现场的观察中了解到雷电可通过金属，而不能够通过草木漆器，并且雷火遇到水不仅不灭，反而更加猛烈。例如，他们从落雷现场中看到雷火烧裂了寺庙屋顶上的铁刹，熔化了佛像脸上的金粉涂面，而干燥的木制窗户在雷火中保持原样，漆器也没有烧焦。钢质宝刀在皮刀鞘中熔为液体；而皮刀鞘原封未动；大树虽为木质，但由于在雨中打湿了，雷火也把大树撕裂了几处。人们从这些事实中领悟到在修楼建塔时，只要用雷电不能通过的材料，并使地基也难于导电，这样的建筑是不容易遭雷击的。

例如，山西省雁北地区应县县城西北部的佛宫寺内有一座建于辽代的木塔，就是基于这种“绝缘避雷”机制建成的，历时千年而未毁。此塔 1056 年建成，总高 67. 31 米，是我国最高的木结构建筑，也是应县的最高建筑。塔周围是黄土层，县城底下

应县佛宫寺木塔

千米深处，不见矿也不见水，全是黄土层，土质干燥，同时土层愈深愈硬。整个雁北地区长年湿度较低，并且整个应县至今未发现重要矿藏，地下也无低电阻层。这种长年湿度较低，土质干燥的高电阻特性，保证了木塔塔基有较好的绝缘性能。古代人们在建塔时索性使塔基更干燥，塔身更绝缘（当然古代人们还没有明确的绝缘概念），以便使塔基、塔身形成一个绝缘整体。因此，在垒塔基时，做到塔基有很好的封闭性，不让浅层少量地下水浸入塔基，并借鉴我国北方建房时素采用于打垒的经验，在塔基里面夯土，使夯土层里面长年保持干燥。在构筑塔身时，整个构架全部为木结构，除底层及塔刹处有部分塔砖外，全部为木料。除塔刹外，也没有其他金属物（包括铁钉等）。塔身外形具有很好的防雨效果，保证本质构件长年干燥，各层塔檐伸出 7 米或更多一些，两层间高度差为 8.8 米左右，雨雪天气不会将侧面打湿。塔檐与水平线的夹角约为 21°~22°，与现代绝缘子中裙的结构相似，仅是塔檐尺寸上小下大而已。由于塔基塔身材料具有一定的电气绝缘性能，同时又不容易因雨水或地下水而破坏，绝缘避雷就不成其问题了。

十二、可怕的电涌

电涌被称为瞬态过电，是电路中出现的一种短暂的电流、电压波动，在电路中通常持续约 1/1000000 秒。220 伏电路系统中持续瞬间（1/1000000 秒）的 5000 或 10000 伏的电压波动，即为电涌或瞬态过电。

雷电是电涌的主要来源之一

电涌来自两个方面：外部电涌和内部电涌。

来自外部的电涌：最主要的来源是雷电。当云层中有电荷集蓄，云层下的地表集蓄了极性相反的等量电荷时，便发生了雷电放电，云层和地面间的电荷电位高达若干百万伏，发生雷击时，以若干千安计的电流通过雷击放电，经过所有的设备和大地返回云层，从而完成了电的通路。不幸的是，通路常常是取道重要或贵重的设备。如果雷电击中了附近的电力线，部分电流将沿线进入建筑物，这股巨大的电流就会直接扰乱或破坏计算机和其他敏感的电气设备，其速度之快，全程只需1/1000000秒。外部电涌的另一个来源是电力公司的公用电网开关在电力线上产生的过电压。

来自内部的电涌：88%的电涌产生于建筑物内部的设备，如空调、电梯、电焊机、空气压缩机、水泵、开关电源、复印机和其他感应性负荷。

雷电是导致电涌最明显的原因，雷电击中输电线路会导致巨大的经济损失。每一次电力公司切换负载而引起的电涌都缩短各种计算机、通讯设备、仪器仪表和PLC的寿命。另外，大型电机设备、电梯、发电机、空调、制冷设备等也会引发电涌。UPS也可被电涌摧毁。

建筑物顶部的避雷针在直击雷时可将大部分的放电分流入地，避免建筑物的燃烧和爆炸。UPS不间断电源是处理电压的严重下降。二者非常有用，但都不能保护计算机免受电涌的破坏，而且UPS本身集中很多微处理器，也可被电涌摧毁。几十年之前，IBM发现电涌更为常见的来源是电力公司的电网开关和大型电力设备（如空调和电梯）。每天都有这样的电涌通过配电盘进入工作室破坏电子设备或缩短其寿命。因此，在美国几乎所有的有计算机或其他敏感电气设备的建筑都安装了电涌保护器。

建筑物内部的办公设备也是电涌来源之一

随着计算机在我国的普及，人们也认识到保护这种电子设备的重要性。我国于 1998 年颁布并实施了计算机信息系统防雷保安器的行业标准。

第五章

防雷常识

雷击是一种常常被人们忽视的严重气象灾害。据统计，全世界每年有数千人在雷电中丧生。那么，人们在遇到雷电时应该如何保护自己呢？

一、预防雷电对人身的伤害

在雷击灾害中，我们对雷电伤害人身的事故特别关注。一般来讲，当云地闪电现象，也就是云与大地之间产生雷电释放的现象发生时，雷电电流从云中泄放到地面，才会对人的活动造成大的影响。

雷电现象

雷电对人的伤害方式，归纳起来有 4 种形式，即：直接雷击、接触电压、旁侧闪击和跨步电压。

1. 直接雷击。在雷电现象发生时，闪电直接袭击到人体，因为人是一个很好的导体，高达几万到十几万安培的雷电电流，由人的头顶部一直通过人体到两脚，流入到大地。人因此而遭到雷击，受到雷电的击伤，严重的甚至死亡。

2. 接触电压。当雷电电流通过高大的物体，如高的建筑物、树木、金属构筑物等泄放下来时，强大的雷电电流，会在高大导体上产生高达几万到几十万伏的电压。人不小心触摸到这些物体时，受到这种触摸电压的袭击，发生触电事故。

3. 旁侧闪击。当雷电击中一个物体时，强大的雷电电流，通过物体泄放到大地。一般情况下，电流是最容易通过电阻小的通道穿流的。人体的电阻很小，如果人就在这雷击中的物体附近，雷电电流就会在人头顶高度附近，将空气击穿，再经过人体泄放下来，使人遭受袭击。

4. 跨步电压。当雷电从云中泄放到大地时，就会产生一个电位场。电位的分布是越靠近地面雷击点的地方电位越高；远离雷击点的电位就低。如果在雷击时，人的两脚站的地点电位不同，这种电位差在人的两脚间就产生电压，也就有电流通过人的下肢。两腿之间的距离越大，跨步电压也就越大。

雷击事故示意图

针对上述4种雷电袭击人的方式，在各种不同的情况下，我们就应采取相应的措施进行预防。

当雷电发生时你在室内，要注意以下几点：

1. 关闭好门窗，目的时为了防止直接雷击和球形雷的入侵。同时还要尽量远离门窗、阳台和外墙壁，这是为了预防一旦雷击到你所处的房屋，你可能会受接触电压和旁侧闪击的伤害，成为雷电电流的释放通道。在防雷措施不完善的建筑物，尤其是郊区和农村的房屋，最好断开电源和信号（电话、网络）线路，拔掉插座上的所有用电器，不宜使用家用电器和电话。

比如，1995年5月29日早上6时许，辽宁省岫岩满族自治县石灰窑村一姓张的村民一家4口正在睡觉，一球雷沿窗户进入室内，接着发生爆炸导致房子起火燃烧，4岁的女孩、9岁的男孩和妻子遭雷击不幸身亡。

2. 在室内不要靠近，更不要触摸任何金属管线，包括水管、暖气管、煤气管等等。特别要提醒在雷雨天气不要洗澡，尤其是不要使用太阳能热水器洗澡。另外，室内随意拉一些铁丝等金属线，也是非常危险的。在一些雷击灾害调查中，许多人员伤亡事件都是由于在上述情况下，受到接触电压和旁侧闪击造成的。

比如，1993年6月5日下午，北京市某派出所干警办公室遭雷击，正在打电话的副队长被击倒，室内触摸到金属物的人均被过了一下电。

3. 在房间里不要使用任何家用电器，包括电视、电脑、电话、电冰箱、洗衣机、微波炉等。这些电器除了都有电源线外，电视机还会有由天线引入的馈线，电脑和电话还会有信号线，雷击电磁脉冲产生的过电压，会通过电源线、天线的馈线和信号线将设备烧毁，有的还会酿成火灾，人若接触或靠近设备也会被击伤、烧伤。最好的办法是不要使用这些电器，拔掉所有的电源线和信号线。

4. 要保持室内地面的干燥，以及各种电器和金属管线的良好接地。如果室内的地板或电气线路潮湿，就有可能会发生雷电电流的漏电伤及人员。室内的金属管线接地不好，接地电阻很大，雷电电流不能很通畅地泻放到大地，它就会击穿空气的间隙，向人体放电，造成人员伤亡。

雷电天气，要及时关闭门窗

当雷电发生时你在室外，要注意以下几点：

1. 为了防止接触电压的影响，在室外你千万不要接触任何金属的东西，像电线、钢管、铁轨等导电的物体。身上最好也不要带金属物件，因为这也会感应到雷电，灼伤人的皮肤。另外，在雷雨中也不要几个人挨在一起或牵着手跑，相互之间要保持一定的距离，这也是避免在遭受直接雷击后，传导给他人的重要措施。

2. 在郊外旷野里，与周围比较，你可能是最高点，也就是你将处于尖端的位置，所以你不要站在高处，也不要在开阔地带骑车和骑马奔跑，更不要撑着雨伞，拿着铁锹和锄头，或任何金属杆等物，因为这样可能会遭到直接雷击的袭击。要找一块地势低的地方，站在干燥的，最好是有绝缘功能的物体上，蹲下且两脚并拢，使两腿之间不会产生电位差。

3. 当你在野外高山活动时，遇到雷雨天气那是非常危险的。在大岩石、悬崖下和山洞口躲避，会遭到雷电流产生的电火花的袭击。最好是躲在山洞的里面，并且尽量躲到山洞深处，你的两脚也要并拢，身体也不可接触洞壁。

4. 在雷雨天气时，千万不要到江河湖溏等水面附近去活动。因为水体的导电性能好，有人统计过人在水中和水边被雷电击死、击伤事故发生的概率特别高。所以在雷电发生时，要尽快上岸躲避，并且要远离水面。

5. 如果你能找到一栋有金属门窗并装有避雷针的建筑物，躲在里面是非常安全的。如果能有汽车，将车的门窗关闭好躲在里，这也是很安全的。因为金属的汽车外壳是一个非常好的屏蔽。若一旦有雷击，金属的外壳就会很容易地把雷电电流导入大地。

万一遇到雷击事件时，首先不要惊慌，及时采取人工呼吸现场抢救措施十分重要，同时呼叫急救中心、报警求救。

二、野外活动时如何预防雷击

雷暴，最初通常是由小块积云开始的，然后迅速发展，经过浓积云发展时期并进入成熟的积雨云阶段，它是一种猛烈的、恶劣而急剧变化的天气。

登山运动员、徒步旅行者、野营人员都特别容易受到山区闪电的袭击。在崎岖的山地地形所产生的上升风使得那里雷暴更加猛烈、更加频繁。

野外活动人员应注意以下几点：

山　顶

首先，要避免走进被淋湿或已经有水的地方。千万不要靠近空旷地带或山顶上的孤树，这里最易受到雷击；不要呆在开阔的水域和小船上；高树林子的边缘，电线、旗杆的周围和干草堆、帐篷等无避雷设备的高大物体附近，铁轨、长金属栏杆和其他庞大的金属物体近旁，山顶、制高点等场所也不能停留。

如在野外，应立即寻找蔽护所。能够避免被雷电击伤的地方，一般来说，是在离开山脊较低的台地或茂密的树林内，大岩石下也较好。但是，等到地面被淋湿之后，再开始移动就很危险。必须在下雨之前，迅速找到避难场所。如果要躲在大树或大岩石旁时，要避免躲在它的正下方，而要稍微离开这些隐蔽物。根据研究，身高在这些树木和岩石高度的1/5～1/10以下时，效果最为显著。

雷暴天气

要注意的一点是，把带在身上的一切金属物拿下放在背包中，尤其金属框的眼镜一定要拿下来。不要靠近避雷设备的任何部分；尽量不要使用设有外接天线的收音机和电视机，不要接打手机。

如找不到合适的避雷场所时，应采用尽量降低重心和减少人体与地面的接触面积，可蹲下，双脚并拢，手放膝上，身向前屈，千万不要躺在地上，如能披上雨衣，防雷效果就更好。

注意当您头发竖起或皮肤发生颤动时，可能要发生雷击了，要立即倒在地上。受到雷击的人可能被烧伤或严重休克，但身上并不带电，可以安全地加以处理。

此外，还要注意的一点是大家不要集中在一起，以免万一受灾时造成更大灾害。

三、地震灾区如何防雷

在户外进行避震时，如果遇上雷电天气，又该如何避雷呢？

1. 雷雨天气时，地震棚应尽量安置在低矮、空旷、干燥的地方，切忌在大树下搭建；打雷时应蹲在地上，双手抱膝，胸口紧贴膝盖，尽量低头。千万不可躺下。

雷雨天不要在树下避雨

2. 如果身处树木、楼房等高大物体，应该马上离开。如果来不及离开高大的物体，应该找些干燥的绝缘物放在地下，坐在上面。千万不要躲在树下。

当暴风雨来临时，一般人都会很自然地跑到大树底下去避雨，殊不知，往往是避过了雨淋却惹来了灾祸。1995 年 7 月，广东省遂溪县乌塘镇 10 多名学生在一棵大树下避雨遭雷击，当场击死 2 人，伤 6 人。

3. 如在家中，应把电视的户外天线插头和电源插头拔掉。不要靠近窗口，尽可能远离电灯、电线、电话线等引入线，在没有装避雷装置的建筑内，则要避开钢柱、自来水管和暖气管道，避免使用电话和无线电话。

4. 远离危、旧建筑，切勿接触天线、水管、铁丝网、金属门窗、建筑物外墙，远离电线等带电设备或其他类似金属装置。

5. 不要在山洞口、大石下或悬岩下躲避雷雨，这些地方极有可能因余震造成山体滑坡等地址灾害。

6. 切勿游泳或从事其他水上运动，不宜进行户外球类、攀爬、骑驾等运动，离开水面以及其他空旷场地，寻找有防雷设施的地方躲避。

雷雨天进行室外、野外的球类活动，容易造成群死群伤的严重后果，这已经被国外的许多雷击灾害实例所证明。1993 年 9 月 20 日，在马来西亚吉隆坡附近的一场足球比赛中，有 4 名球员遭雷击身亡。1996 年 6 月 14 日下午 7 时，广东工业大学机电系的一群大学生冒雨在学校足球场踢足球，一声雷响，5 人被击倒，其中 2 人被送医院抢救。鉴于户外运动的雷击事故，1998 年世界杯足球赛组委会在法国主要足球赛场地安装了一大批先进的防雷设备。

7. 在空旷场地不宜打伞，不宜把羽毛球拍、高尔夫球棍等工具物品扛在肩上。

比如，1994 年 7 月 6 日下午，江苏省大丰县某村顾某在棉田打起雨伞便往家赶，被雷击中不幸身亡，其身上衣服被打成几十块碎片，胸部和腋窝各有一小孔，雨伞只剩下架子。1998 年 5 月 17 日上午，一对在广东中山市打工的河南籍夫妇冒雨骑车而行，经过一桥面时，突遭雷击，夫妇二人均被击死，当时坐在后座的妻子手持一金属柄雨伞，雷电由伞尖导下，自行车后轮严重损毁，水泥桥面都被打了一个深 5 厘米、面积近 200 平方厘米的坑。国外也有报道，有人在高尔夫球场在挥动球棍指向空中的瞬间遭受雷击。

8. 如正在驾车，应停在远离树木的路边，留在车内。

9. 切勿站立于山顶、楼顶或其他凸出物体。

雷雨期间，最好不要骑自行车

10. 雷雨期间，最好不要骑马、骑自行车、骑摩托车和开敞蓬拖拉机。在雷暴天气时，开摩托车遭雷击伤亡的事件不断发生。开摩托车而导致雷击伤害的人可能是抱着侥幸的心理，以为摩托车速度快，冲一冲便可避过雨淋了，其实，摩托车再快也不能快过雷电。1996 年 6 月 12 日下午 4 时，广东省梅州市丙村一位姓谢的女中专实习生，搭乘摩托车回家途中遭雷击身亡。

同时尽量避免在山区公路和可能因地震垮塌的建筑下行驶。

四、雨中散步有讲究

雨中散步的确有好处：一是可以呼吸到湿润清新的空气，起到活动身体、解除疲劳、调神解乏的作用；二是能疏通人体滞气，调节脏腑功能，使人心旷神怡。然而，雨中散步也有讲究：

1. 小雨天气是理想的散步时机。这种天气不会有雷电现象发生，空气潮湿，气温适中，散步观景其乐无穷。但要注意的是，散步地点附近最好有能避雨的场所，因为天气多变，开始下小雨，后来雨势说不定会增大，没有地方避雨就糟了。

2. 不宜在“雨头”散步。每次降雨的前 10 分钟，雨滴在降落时吸收了空气中大量的尘埃、烟雾和各种污染物，降到地面就成为“脏雨”。这时候去散步，就会吸入一些有害气体，对人体健康极为不利。

3. 盛夏多阵性降雨，天气时晴时雨，有时还会出现雷雨大风、冰雹等强对流天气。在有雷雨并伴有大风的天气中，不能出去散步。因为这种天气经常雷电交加，会发生雷击伤亡事故；大风可能刮断树枝，造成高压线断电等；而冰雹降落时，又会砸伤行人。在这种天气里，在室外活动会比较危险。

选择在一场小雨天气的中、后期，或雷雨天气结束时散步最佳。

五、雷击前的征兆及雷击后的急救

雷电袭击人体主要有 4 种形式：

1. 直接雷击：雷电直接击中人体。

2. 接触雷击：雷电击中其他物体（如建筑物、大树、电杆）时，雷电在该物体上流过，如果人体接触到被雷击的物体，雷电流就从接触点进入人体。

3. 旁侧闪络：雷电击中人体附近的物体，由于被击的物体带有高电位而向附近的人闪击放电。

4. 跨步电压：当雷电流向大地散逸时，与雷电流击入点的不同距离有不同的电位，各点之间有电压存在。人站在附近地面上，由于两脚站的地方电位不同，两脚之间就有电压，称为跨步电压。当跨步电压足够大时，就会危及人的生命。

当你站在一个空旷的地方，如果感觉到身上的毛发突然站起来，皮肤感到轻微的刺痛，甚或听到轻微的爆裂声，发出“叽叽”声响，这就是雷电快要击中你的征兆。

雷电天气

遇到这种情况，你应马上蹲下来，身体倾向前，把手放在膝盖上，曲成一个球状，千万不要平躺在地上。

万一被雷电击中了怎么办？急救专家指出，雷电的电压极高，约为1亿~10亿伏特；雷电形成的一瞬间电流可达20万~25万安培；闪电时产生的大量热量，一般达30000℃。雷电对人体的危害要比触电严重得多。一旦发现有人被雷击，必须争分夺秒地抢救。

急救的第一步：脱离险境。迅速将病人转移到能避开雷电的安全地方。

急救的第二步：对症治疗。根据击伤程度迅速做对症救治，同时向急救中心或医院等有关部门呼救。

对症救治时，如果患者未失去知觉，神志清醒，曾一度昏迷，心慌，四肢发麻，全身无力，应该就地休息1~2小时，并做严密观察；如果已失去知觉，但呼吸和心跳正常，应抬至空气清新的地方，解开衣服，用毛巾蘸冷水摩擦全身，使之发热，并迅速请医生前来诊治；如果患者无知觉、抽筋、呼吸困难，逐渐衰弱，但心脏还跳动，可采用口对口人工呼吸；如果患者已无知觉、抽筋、心脏停止跳动，仅有呼吸，可采用人工胸外心脏挤压法；如果患者呼吸、脉搏、心跳都停止，应口对口人工呼吸和人工胸外心脏挤压两种方法同时进行。

防雷漫画

人的生命主要是依靠两个重要的生理作用：由心脏跳动所造成的血液循环和由呼吸造成的氧气和废气的交换过程。人被雷电击伤后呈“假死”现象就是中断了这两个过程引起的。因此，做人工呼吸时，必须一直做，直到伤者嘴唇稍有开合，眼皮稍有活动或喉头有吞东西动作时，即应注意被雷击者是否要开始自动呼吸。如已开始自动呼吸，即不应再继续施行人工呼吸。

停顿数秒钟后，患者如仍不能自动呼吸，应继续施行人工呼吸。实践证明：对雷电“假死”者越迅速耐心地做人工呼吸，救活的机会就越多，有些伤者经过人工呼吸6小时才复活。抢救过来后，不能马上站立起来，应抬到床上休息，恢复正常后，方让其行走，只有在医生到来前被雷击者出现僵硬、尸斑时才能停止抢救。

雷击时的电流热效应可引起电烧伤，使人体炭化成焦状。雷击烧伤如何急救？

（1）如果遭受雷击者衣服着火，可往伤者身上泼水，或者用厚外衣、毯子把伤者裹住，以扑灭火焰。

（2）对呼吸、心跳停止者，先做心肺复苏，再处理烧伤创面。

（3）用冷水冷却伤处，然后盖上敷料，若无敷料可用清洁的布、衣服等包裹。

（4）及时转送当地医院救治，并采取抗休克措施。

六、家用电器如何防雷

雷电季节影响家用电器安全的主要原因是由于感应雷的侵入而引起。感应雷是指雷电发生时，在进入建筑物的各类金属管、线上产生的雷电电磁脉冲。

对于一个家庭来说，感应雷侵入主要有4条途径：供电线、电话线、有线电视或无线电视的馈线、住房的外墙或柱子。其中前3个途径都是与家用电器有直接的外部线路连接，当这些线路架空入室时则危害更为严重。

目前常被人们忽略的是感应雷入侵的第四个途径，即家用电器的安装未与建筑物的外墙及柱子保持一定距离。因为当住户所在的建筑物发生直击雷或侧击雷时，强大的雷电流将沿着建筑物的外墙及柱子流入地下。在这个过程中，由于建筑物的外墙或柱子有强大的雷电流流过，便在周围的空间产生电场和磁场，如果家用电器与外墙或柱子靠得太近，则可能受到损坏。

雷雨大风天气要拔掉电器开关

那么，如何才能确保家用电器和使用人员的安全呢？防雷技术规范和经验告诉我们：①建筑物应按防雷设计规范装设直击雷防护设施，如避雷针、引下线和接地体。它们能把雷电流的大部分引入地下泄放。②引入住宅的电源线、电话线、电视信号线均应屏蔽接地引入，这样部分雷电流又会泄入地下。

用户为确保安全，应在相应的线路上安装家用电器过压保护器（又名避雷器）。对一般家庭而言，需要 3 个避雷器：第一个是单相电源避雷器，第二个是电视机馈线避雷器，第三个是电话机避雷器。避雷器的作用是对从线路上入侵的雷电电磁脉冲进行分流限压，从而实现家用电器的安全。

家用电器的安装位置应尽量离开外墙或柱子远一点。还要注意经常定期检查家用电器所共同使用的接地线，大多数的家用电器的外壳几乎都与这条接地线相连，其主要目的是对人身安全起保护作用。当安装避雷器时，所有避雷器的接地都是与这条接地线相连的，如果这条接地线松脱或断开，家用电器的外壳就可能带电，避雷器也无法正常工作。

过去，许多人提出雷雨天不要使用家用电器，如拔下电视机的电源插头、天线插头，打雷时不要打电话。当然，这种做法是比较安全的，但有时会感到不方便，比如有人打电话来时，是接还是不接？电冰箱、空调机拔了电源便无法使用。打雷时家里没有人怎么办？因此，建议大家还是采取上述防雷方法。当然，目前条件不成熟时，拔掉所有插头也不失为一种应急措施。

七、当心家用电脑被雷击

夏天一般雷电交加的下雨天比较多，对于 ADSL 上网用户而言，上网时候一定别忘记电脑安全。雷电就是最主要的威胁，一般电脑被雷劈都是从电脑宽带网线进去的，而且很有可能连着电脑电源、主板还有网卡一起击废，严重的还会连 CPU 一起烧毁，更有甚者会整机保废。所以大家在下雨天上网的时候一定要注意防雷，防止被雷“看中”！

夏季电脑慎防雷击

目前来看，雷电袭击电脑主要有以下几个原因：

1. 电信运营商在敷设宽带布线时，将交换盒未装完整或有效的接地处理而直接悬挂在楼体的外壁或凸起部位上，也未做任何防雷措施，造成了雷击隐患。

2. 有线电视的运营商在作做有线传输信号处理时也同样存在以上问题。

3. 用户普遍没有雷击的安全防范意识，以至于外面雷电交加，屋内还游戏娱乐。

综合了以上的原因，造成了雷电天气下的财产损失，我们可以看以下几个案例：

小张家安装的是中国网通的宽带。暴雨来袭时，他依旧在网上冲浪，闪电过后，其电脑失效，结果是内存、主板、显示卡全部烧掉。

小李家安装了有线的城域网，由于城域网的安装调试交换盒，就裸露在楼体的外墙上，雷电过后，经过检查，包括有线交换盒，连接室外网线、网卡、主板在内的全部上述产品均被雷电击坏，损失巨大。

通上以上的实例我们不难看出，雷雨天气对电脑的冲击还是相当大的，尤其是雷电。因此，大家要做好以下 3 点：

1. 确保计算机有个良好的接地，这点很重要。因为假如正好发生雷击设备的话，雷电产生的电流就会沿着接地引线导入地面，能有效防止雷电造成破坏，把损坏降到最小。

即使安装避雷针，雷电波侵入也会损坏电脑

2. 养成安全使用电脑的好习惯。现在个人电脑上网多采用拨号上网和宽带上网两种。由于电脑和与其连接的网络、电源紧密相关，因此计算机防雷远比彩电、冰箱等一般家用电器复杂，应在雷电有可能入侵的各个关口层层设防。现在多数家用电脑没有在调制解调器上安装避雷器，所以更要注意防雷，除雷雨天不使用电脑外，还要切断电源，最好是拔掉电源插座，让其彻底断电，以免雷电时产生的电波激活电路；宽带上网的除切断电源外，还要将网卡接口处的网线拔下；拨号上网的要拔掉上网的电话线，以免雷电摧毁上网计算机的调制解调器。总之，要在雷电有可能入侵的各个关口进行防范。

3. 除了以上所说的防治雷劈方法外，电脑电源也是不容忽视的，如果你的电源具备保护功能，损失会减小，所以尽量买好点的原装电源。

八、太阳能热水器防雷有讲究

随着环保能源被人们接受并应用，太阳能热水器逐渐进入市民的家中。但是，安全隐患也随之而来。

由于太阳能热水器必须安装在楼顶采光的地方，因而，有其安装的特殊要求，特别是防雷设施的设置技术性很强，可是这一重要的问题，多年来被忽略了。一些生产厂家和商家缺乏防雷意识或没考虑到有防雷的需要，产品说明书里没有注明防雷的具体事项，其安装人员没有经过有关防雷知识技术培训，不考虑太阳能热水器防雷击的要求，许多热水器安装非常不合理，往往高出

雷电天气

避雷带，成了“引雷针”。

家庭安装的太阳能热水器基本上都位于屋顶的最高处，往往超过了建筑物上原有防雷装置的高度，使其完全暴露在雷电直击的范围内。一旦雷电袭来，这些“出头”的热水器将首当其冲地“挨打”，不仅室外的热水器会遭损坏，电流更会通过水管、电线等引入室内，危及其他电器乃至使用者的人身安全。

为了减少雷击的概率及损失程度，应该采取以下补救措施：

1. 尽量使太阳能热水器处于防雷装置的保护范围之内。首先要确保原有防雷装置合格，在这一前提下，可以通过降低太阳能热水器的安装位置或在旁边加装避雷针来加以预防。一般情况下，太阳能热水器至少应低于防雷装置避雷针或避雷带 60 厘米，并与其保持 1 米左右的安全距离。

2. 尽量避免或减少通过热水器引入室内的雷电流。如果热水器已处于防雷装置的保护范围内，就不宜将热水器的金属外壳与屋顶上其他金属体再相连接；反之，就应该将热水器的金属外壳与屋顶防雷装置相连，借装置分流部分雷电流。

3. 树立防雷意识。在打雷时避免使用太阳能热水器，拔掉电源插头，尽量少接触水管、龙头，以防万一。另外，安装太阳能热水器时，都要首先确认防雷的安全可行性。

安装太阳能热水器需防雷

在购买太阳能热水器时，怎样判别它的优劣呢？

太阳能热水器是太阳能热利用的一种，整个热水器包括集热部分、贮热部分、支架部分。判别集热部分的优劣最主要根据是集热元件的吸收率和发散率，这与材料和制作工艺有关。贮热元件是热水器的仓库，它的质量保证有两个：一是不漏，二是保温。内胆焊接方式是很主要的，焊接的强度及材料是否防腐是内胆质量的关键，另外保温材料决定保温性能，寒冷地区必须采用加厚保温层。支架支持主机部分运行，保证集热元件的正确的位置，它需要与主机的其他元件有相同的寿命，这就需要有很好的强度和防腐能力，判别它的优劣，可以通过目测它的材料、厚度、表面处理。

太阳能热水器在使用过程中，还有一些问题应注意，以确保我们的人身安全：

1. 注意上水时间。

2. 根据天气情况，决定上水量，保证洗浴时适当的水温。

3. 定期检查热水器的管道、排气孔等元件是否正常工作。

4. 大气污染严重或风沙大、干燥地区定期冲洗真空管。

5. 热水器安装后。非专业人员不要轻易挪动、装卸整机，以免损坏关键元件。

太阳能热水器的防雷问题不容忽视。应采取综合有效的防护措施并还要与建筑物的防雷装置做好等电位连接，才能有效地减少和避免雷击事故的发生，避免人身伤亡和财产损失。

九、防雷，不要忽略了插座

200 多年前，富兰克林发明避雷针以后，建筑物等设施已得到了一定的保护，人们认为可以防止雷害，对防雷问题有所松懈。事实上，避雷针只能防直击雷，且只能对建筑物形成保护。更可怕的是，它在防直击雷的时候，还会泄放大量感应雷。这些感应雷电会在超快速的瞬间沿着天线、电源线、信号线和馈线等侵入电器内部，给电器带来巨大的伤害。这就是为什么一打雷，电器维修站就跟着忙不停的原因之一。数据显示，在以往发生的各类雷电事故中，由感应雷造成的灾害占到 80%。因此，仅靠避雷针防雷对于我们电器安全来讲还不够，必须添加室内电路防雷系统。

雷击的危害不容小视

在室内电路防雷系统中，插座是最后一个防雷关口，也是最贴近电器的必要环节。你也许从来没意识到：在家里使用时间最长的电器是插座，负载最高的是插座，永远躺在肮脏角落里的还是插座！我们会不惜重金购买液晶电视、空调等家电，却从未意识到要为它们布置一个安全的用电环境。事实上，日常电路中的电压很不稳定，经常会出现电涌现象。电涌是电路中的一种瞬间过电压或过电流现象，它由电器开关动作、电磁波动及自然中的雷电等产生，能量大小不一。以电脑为例，每天约有 18 万次以上的电涌发生在电脑周围，极具爆发力的强电涌可能在 1 秒内击穿线路、芯片，导致网络系统的崩溃。越是精密的电器对电涌的承受力越小。据统计，电器故障原因中 60% 来自于电路中的电涌！滤去汹涌的电波，提供稳定的电流，这正是插座的职责。

最容易忽视的地方就是最危险的地方，电源插座就是我们身边最大的隐患，是我们用电安全的“软肋”！我们在选择插座产品时，一定要选择达到国家标准（GB18802.1－2002）要求的插座，务必查明其检测证书。电器使用越多、使用时间越长，电源插座的消耗越大，定期检查保养也是十分必要！插座应尽量加装防雷防电涌功能，让电器设备平安度过雷暴多发的夏季，减少维修概率。

十、建筑物的防雷措施

现代建筑的发展日新月异，随着新型建筑材料的应用，以及高层、超高层建筑的不断出现，人们的建筑防雷意识也日渐加强，各种防雷技术也呈多元化方向发展态势。从古到今，我国发生的建筑雷击事故不胜枚举。认识雷击事故的规律非常重要，只有掌握了规律，防雷设计才能取得良好的效果。在雷雨天，天空的雷云与地面上的物体各带不同的电荷，当电荷积累到一定的程度，就会产生电场畸变而发生落地雷击。但如果地上某处没有足够强大的上行先导，则雷电是不会打到该处的。

建筑物需防雷

一般来说，湖、塘、河边的建筑易遭到雷击，高大突出的建筑以及金属顶建筑也易引来雷电光顾，电视公用天线、旗杆、高大古树也常会引来天外之灾。这些区域和建筑应该是重点防雷区。

建筑物防雷设施包括对直击雷、侧击雷和感应雷的防护3大部分。直击雷是雷电击中建筑物的天面部分；侧击雷是指雷电击中建筑物的天面以下部分、地面以上的部分；直击雷、侧击雷防护设施主要是保护建筑物本身不受损害，以及减弱雷击时巨大的雷电流沿建筑物泄入大地时，对建筑物内部空间产生的各种影响；感应雷则是当雷云发生自闪、云际闪、云地闪时，在进入建筑物的各类金属管，线上产生的雷电脉冲，感应雷的防护设施是对这种雷电脉冲起限制作用，从而保护建筑物内各类电器设备的安全。

建筑物防雷设施如果缺少这3大部分的某一部分，就叫建筑物防雷能力先天不足，必将留下永久性的雷击隐患，对建筑物内人员生命和财产安全构成严重威胁。

纽约帝国大厦被闪电击中

建筑物防雷系统是由避雷针、避雷网（带）或混合组成的接闪器，主体结构的柱、梁、板钢筋或外接引下线组成的引下装置，及利用基础自然接地体（桩基、地梁、承台或底板钢筋）或人工接地体组成的接地装置合成，整个建筑形成一个法拉第笼，将雷电流引入大地。

1. 避雷针

以避雷针作为接闪器的防雷电。避雷针通过导线接入地下，与地面形成等电位差，利用自身的高度，使电场强度增加到极限值的雷电云电场发生畸变，开始电离并下行先导放电；避雷针在强电场作用下产生尖端放电，形成向上先导放电；两者会合形成雷电通路，随之泄入大地，达到避雷效果。

实际上，避雷装置是引雷针，可将周围的雷电引来并提前放电，将雷电电流通过自身的接地导体传向地面，避免保护对象直接遭雷击。

安装的避雷针和导线通体要有良好的导电性，接地网一定要保证尽量小的阻抗值。

2. 避雷线

避雷线是通过防护对象的制高点向另外制高点或地面接引金属线的防雷电。根据防护对象的不同避雷线分为单根避雷线、双根避雷线或多根避雷线。可根据防护对象的形状和体积具体确定采用不同截面积的避雷线。避雷线一般采用截面积不小于 35 平方毫米的镀锌钢绞线。它的防护作用等同于在弧垂上每一点都是一根等高的避雷针。

高层建筑遭雷击

3. 避雷带

避雷带是指在屋顶四周的墙或屋脊、屋檐上安装金属带做接闪器的防雷电。避雷带的防护原理与避雷线一样，由于它的接闪面积大，接闪设备附近空间电场强度相对比较强，更容易吸引雷电先导，使附近尤其比它低的物体受雷击的概率大大减少。避雷带的材料一般选用直径不小于 8 毫米的圆钢，或截面积不小于 48 平方毫米、厚度不少于 4 毫米的扁钢。

4. 避雷网

避雷网分明网和暗网。明网防雷电是将金属线制成的网，架在建（构）筑物顶部空间，用截面积足够大的金属物与大地连接的防雷电。暗网是利用建（构）筑物钢筋混凝土结构中的钢筋网进行雷电防护。只要每层楼的楼板内的钢筋与梁、柱、墙内的钢筋有可靠的电气连接，并与层台和地桩有良好的电气连接，形成可靠的暗网，则这种方法要比其他防护设施更为有效。无论是明网还是暗网，网格越密，防雷的可靠性越好。

5. 综合性防雷电

综合性防雷电是相对于局部防雷电和单一措施防雷电的一种综合性防雷电。设计时除针对被保护对象的具体情况外，还要了解其周围的天气环境条件和防护区域的雷电活动规律，确定直击雷和感应雷的防护等级和主要技术参数。另外，将计算机设备安放在窗户附近或高层建筑物的顶层，使设备所在高度高于楼顶避雷带，这些做法都非常容易遭受雷电袭击。

建筑物防雷要有整体观念。所谓整体观念是指设计和安装防雷装置时，对建筑物的内外都要有整体观念。这里的建筑内外不单是指内部防雷装置和外部防雷装置。

建筑物内的整体观念是指设计和安装时，要对内部防雷装置和外部防雷装置做整体的统一的考虑；建筑物外的整体观念是指对一个院落、一个小区以及附近的环境要做全面的防雷规划，同时还不能违反小区规划的要求。例如：所安装的避雷针杆塔是否影响小区的美观，所用的避雷针、避雷带或避雷网是否与建筑物的立面相配以及低矮建筑物能否由高大建筑物或高大烟囱上的避雷装置所保护等等。对接地装置也要综合统一考虑，例如，相距较近的建筑物能否共用接地体，地下管网能否用接地体的一部分，以及能否在一个大院或小区内为将来综合共用接地装置创造等电位连接的条件等等。

十一、高层住宅楼如何防雷

在一定范围内，越高的建筑，越具有受雷击的可能性。在通常情况下，高层住宅楼都是安装有避雷针的，不会发生雷击事故。

住宅楼遭雷击

避雷针的保护范围一般是指直击雷所能保护到的空间而言。只要在它的保护范围以内，如果避雷针始终保持良好，建筑物就可以不遭受直接雷击。避雷针的保护范围，取决于建筑物的高度和体型，特别是避雷针本身的高度或避雷针装有建筑物上的总高度。一般说来避雷针装得越高，或避雷针本身越高，它的保护范围就越大。

避雷针的保护范围往往通过计算来决定。简言之，单支避雷针采用45°角的保护范围，其地面的保护半径等于针高的1.5倍。

但是，在下列情况下也会受到雷电的危害：

1. 避雷针的接地电阻值过高或接地导线受到机械损伤或腐蚀时。

2. 高层住宅的电话线、电灯线安装距离避雷针及其接地导线过近时。

3. 电视天线塔、广告牌、旗杆高于避雷针而无独立的避雷接地系统时。

4. 雷雨天收看电视或开窗赏雨景时。

5. 雷雨天在楼顶上作业时。

那么，高层住宅楼该怎样防雷呢？

被雷电击毁的楼角

每年入夏之前，必须对避雷设备进行检查，测定其电阻值，电视共用天线塔应安装独立的避雷系统，也可以用建筑避雷系统连接在一起，住户的电灯线、电话线应同避雷线保持不小于50厘米的安全距离，千万不要把电话线绑在避雷针上。雷雨天不要开窗观赏雨景，不要收看电视。不要到屋顶上进行露天作业。没有安装共用电视天线的用户，不要随便安装自家电视天线，如果这种天线安装在高于避雷针或无避雷针的高楼上的时候，那将会引雷入室的，要格外当心。

电视机天线，共用天线该怎样防雷呢？

1. 电视机天线，共用天线最好不要突出屋顶。

雷电引起的火灾和爆炸

2. 如果必须突出屋顶时，最好在天线馈线的进户处，安装接地倒换闸，当雷雨频繁时，使天线倒换到接地部位，其接地电阻应小于10欧姆；特殊雷暴区，如山区的住宅楼还应将天线插头拔下，甩在室外。

3. 天线的馈线要采用金属屏蔽线或将馈线穿入金属管内引下，并于其上部放大器、混合器处和下部电视机处安置避雷器和氧化锌压敏电阻，这些管线及器件均要良好的接地。

4. 家用电脑在雷雨时，最好停止使用，并切断电源。如必须在雷雨时间运行时，必须采取避雷措施。

5. 家用电器较多的家庭，最好自备一个灭火器，有备无患。

为了避免或减少雷击事故的发生，我们有必要在事前，掌握一些雷电常识，主动采取措施，这是非常重要的。

附录　文学作品中的雷电

一、《忆江上吴处士》①

贾　岛②

闽国扬帆去，蟾蜍③亏复圆。

秋风生渭水④，落叶满长安。

此地聚会夕，当时雷雨寒。

兰桡殊未返⑤，消息海云端。

本诗是为忆念一位到福建一带去的姓吴的朋友而作。

开头交待“忆”之因：友人坐船前往福建，月儿圆了又亏，亏了又圆，翘首以盼，却始终不见消息。作者用蟾蜍借代月亮，不是掉书袋，为用典而用典。《后汉书·天文志》注：“羿请不

① 处士：隐居林泉不仕的人。

② 作者贾岛（779～843），字阆仙，范阳（今北京）人。早年出家为僧，法名无本。后还俗，屡试不第。被讥为科场“十恶”。文宗开成二年被谤，责为遂州长江主簿。后迁普州司仓参军，卒于任所。曾以诗投韩愈，与孟郊、张籍等诗友唱酬，诗名大振。其为诗多描摹风物，抒写闲情，诗境平淡，而造语费力。

③ 蟾蜍：虾蟆。此处是月的代称。《后汉书·天文志》注：“羿请不死之药于西王母，嫦娥窃之以奔月，是为蟾蜍。”

④ 这一句又作“秋风吹渭水”。

⑤ 兰桡：用木兰树做的桨，代指船。殊：这里作“犹”字解。

死之药于西王母，女亘娥（即嫦娥）窃之以奔月，是为蟾蜍。”据此，月宫中的蟾蜍是嫦娥奔月后变成的，这一变之后，难有复原归乡之日。看来，贾岛用蟾蜍是别有寄托的。处士，即隐士，是隐居林泉不仕的人。吴处士是否也隐其秀美之貌而示世人以“蟾蜍”之丑身呢？当然，这一切都是含而不露的。

接下来的十字是历来为人们传诵的名句。意思是说，诗人所居之长安已是深秋时节，强劲的秋风吹翻着渭水，长安城落叶遍地，显出一派萧瑟的景象。为什么要提到渭水呢？因为渭水就在长安郊外，是送客出发的地方。当日为友人送行时，渭水上还没有秋风；如今秋风吹皱渭水，加之落叶飘零，景象更见凄凉，又怎能不格外思念分别多时的朋友呢？粗粗一读，似乎也不过是眼前景，心中情，寻常句法；细细深究，就会发现“吹”、“满”两个动词用得极妙，是经过精心推敲的：自然、浑融、遒劲、壮阔。而“落叶满长安”如无“秋风吹渭水”配合，也的确显得势孤力单，情味不足。

此刻，诗人忆起和朋友在长安聚会的一段往事：“此地聚会夕，当时雷雨寒”——他那回在长安和这位姓吴的朋友聚首谈心，一直谈到很晚，外面忽然下了大雨，雷电交加，震耳炫目，使人感到一阵寒意。这情景还历历在目，一转眼就已是落叶满长安的深秋了。

结尾是一片忆念想望之情。“兰桡殊未返，消息海云端。”由于朋友坐的船还没见回来，自己也无从知道他的消息，只好遥望远天尽处的海云，希望从那儿得到吴处士的一些消息了。

纵观全诗，不仅情景交融、意象不凡，而且章法谨严、结构紧凑。特别是中间两联在谋篇上很有特色，既挽住了“蟾蜍亏复圆”，又向下引出了“兰桡殊未返”。其中“渭水”、“长安”句，固是此日长安之秋，此际诗人之情；又在地域上映衬出“闽国”离长安之远（回应开头）以及“海云端”获消息之不易（暗藏结尾）。细针密缕，处处见出诗人行文构思的缜密无间。“秋风”二句先叙离别处的景象，接着“此地”二句逆挽一笔，再倒叙昔日相会之乐，行文曲折，而且笔势也能提挈全诗。全诗把题目中的“忆”字反复勾勒，笔墨厚重饱满，不失为一首生动自然而又宛转流畅的抒情佳品。

二、《暴风雨夜，暴风雨夜！》[1]

［美］狄金森[2]

暴风雨夜，暴风雨夜！
我若和你同在一起，
暴风雨夜就是
豪奢的喜悦！

风，无能为力
心，已在港内——
罗盘，不必，
海图，不必！

---

① 选自《经典诗歌欣赏》，武汉测绘科技大学出版社 1997 年版。本篇为江枫译。
② 狄金森（1830～1886），美国女诗人。

泛舟在伊甸园——
啊，海！
但愿我能，今夜，
泊在你的水域！

狄金森的语言，一洗铅华，不事雕饰，质朴清新，有一种“粗糙美”，有时又如小儿学语那样有一种幼稚的特色。在韵律方面，她基本上采用四行一节、抑扬格四音步与三音步相间，偶数行押脚韵的赞美诗体。但是这种简单的形式，她运用起来千变万化，既不完全拘泥音步，也不勉强凑韵，押韵也多押近似的“半韵”或“邻韵”，有时干脆无韵，实际上已经发展成一种具有松散格律的自由体。

狄金森因其初恋失败，便矢志终身不嫁。诗人一生中极少离开家乡，只在附近镇上的一所学院里上过一年大学。自 25 岁开始，狄金森就深居家中，几乎足不出户，弃绝一切社交，做家务之余便专心写诗。她写了近千首诗歌，但在她生前，只有 10 首诗公开发表过。在《暴风雨夜，暴风雨夜!》里，狄金森用了一系列隐喻和意象，直抒情怀。当时她正值青春年华，已在家中隐居了 6 年。那种强烈的孤独感使她的内心如暴风雨夜那样不宁静。在这首诗里，她幻想自己能找到属于自己的爱的港湾，在里面能自由荡舟，不惧任何风暴，也不再需要海图和罗盘的指引，因为心已有归属，那种幸福畅快的心情就如同泛舟在伊甸园里。这首诗被认为是她与心灵的私下谈话。

在《暴风雨夜，暴风雨夜》中，她和相爱的人相守在一起，暴风雨夜里，他们共享一份"豪奢的喜悦"，没有风、没有罗盘和海图，只有"我"泊进"你的海域"。诚然，诗人的体验不只限于个人的人生经历，也可以通过了解别人的现在和过去以及可能的遭遇或者从某种世界观（哲学和宗教的）那里取得体验的源水。但不管何种渠道，诗人的世界观之源必须是自己的内在 感受，他必须从此出发去领会一切事物，而这种领会有的时候只能是想象和感情的移入。狄金森对于无望得到的爱的向往是超过她那个时代所要求于女人的强度的，她爱的大胆热烈也是常人所无法理解的。

为什么人们总要说"爱的港湾"？爱所带来的如港湾般的幸福感和安全感，只有经历了惊涛骇浪的人才能体验到。爱的巨大力量，能使可怖的"暴风雨夜"成为"豪奢的喜悦"。狄金森对诗歌的传统规范表现了不驯的叛逆姿态。狄金森倾向于微观、内省，艺术气质近乎"婉约"。

诗歌以美好的期盼结束。而令人感慨的是，诗人的一生，是孤独的、离群索居的一生。任流年似水，诗人把青春、诗、无望的爱全关闭在一个连一朵栀子花也没有的小房间里，"与自己胸中悲哀的骑兵搏斗"，却留给世人如冰雪般晶莹的诗篇。有兴趣的读者可以阅读其诗集，了解诗人以诗歌为生活方式的别样人生。

三、《雨前》

何其芳①

最后的鸽群带着低弱的笛声在微风里划一个圈子后，也消失了。也许是误认这灰暗的凄冷的天空为夜色的来袭，或是也预感到风雨的将至，遂过早地飞回它们温暖的木舍。

几天的阳光在柳条上撒下的一抹嫩绿，被尘土埋掩得有憔悴色了，是需要一次洗涤。还有干裂的大地和树根也早已期待着雨，雨却迟疑着。

我怀想着故乡的雷声和雨声。那隆隆的有力的搏击，从山谷返响到山谷，仿佛春之芽就从冻土里震动、惊醒，而怒茁出来。细草样柔的雨声又以温存之手抚摩它，使它簇生油绿的枝叶而开出红色的花。这些怀想如乡愁一样萦绕得使我忧郁了。我心里的气候也和这北方大陆一样缺少雨量，一滴温柔的泪在我枯涩的眼里，如迟疑在这阴沉的天空里的雨点，久不落下。

白色的鸭也似有一点烦躁了，有不洁的颜色的都市的河沟里传出它们焦急的叫声。有的还未厌倦那船一样的徐徐的划行。有的却倒插它们的长颈在水里，红色的蹼趾伸在尾后，不停地扑击着水以支持身体的平衡。不知是在寻找沟底的细微的食物，还是贪那深深的水里的寒冷。

① 何其芳（1912～1977），现代散文家、诗人、文艺评论家。

雨　前

有几个已上岸了。在柳树下来回地作绅士的散步，舒适划行的疲劳。然后参差地站着，用嘴细细地抚理它们遍体白色的羽毛，间或又摇着身子或扑展着阔翅，使那缀在羽毛间的水珠坠落。一个已修饰完毕的，弯曲它的颈到背上，长长的红嘴藏没在翅膀里，静静合上它白色的茸毛间的小黑睛，仿佛准备睡眠。可怜的小动物，你就是这样做的梦吗？

我想起故乡放雏鸭的人了。一大群鹅黄色的雏鸭游牧在溪流间。清浅的水，两岸青青的草，一根长长的竹竿在牧人的手里。他的小队伍是多么欢欣地发出啾啁声，又多么驯服地随着他的竿头越过一个田野又一个山坡！夜来了，帐幕似的竹篷撑在地上，就是他的家。但这是怎样遥远的想象啊！在这多尘土的国度里，我仅只希望听见一点树叶上的雨声。一点雨声的幽凉滴到我憔悴的梦，也许会长成一树圆圆的绿荫来复荫我自己。

我仰起头。天空低垂如灰色的雾幕，落下一些寒冷的碎屑到我脸上。一只远来的鹰隼仿佛带着怒愤，对这沉重的天色的怒愤，平张的双翅不动地从平空斜插下，几乎触到河沟对岸的土阜，而又鼓扑着双翅，作出猛烈的声响腾上了。那样巨大的翅使我惊异。我看见了它两肋间斑白的羽毛。

接着听见了它有力的鸣声，如同一个巨大的心的呼号，或是在黑暗里寻找伴侣的叫唤。

然而雨还是没有来。

《雨前》写于1933年春，日本人入侵和内战升级，国家处于多灾多难之际。诗人通过大雨降临前自然景物的描写，渲染了一种久旱切盼甘霖的强烈情绪，也隐约透露出渴求变革的焦灼心情。这正是20世纪30年代广大青年知识分子的共同心态，因而曾经引起过广大读者的强烈共鸣。

为了表达人物的情绪，作品主要通过自然景物的描写渲染出来。具体说来，就是通过对动物因异常气候的敏感而表现出的反常行为，显示大雨即将来临：因乌云漫天而天色冥暗，鸽群误以为夜已降临，提前飞回它们“温暖的木舍”；鸭群也因为天气的异常而“烦躁”起来，有的在“徐徐的滑行”，有的似乎是不耐烦地“倒插他们的长颈在水里……不知在寻找沟底细微的食物，抑是贪那深深水里的寒冷。有的则将长长的嘴藏没在翅膀里，静静合上它白色的茸毛间的小眼睛，仿佛准备睡眠。”

作者以多姿的妙笔，给我们描绘出各不相同的鸭的形态，说明因为天气突变，“生物钟”也暂时失灵了。和鸽群、鸭群比较起来，鹰的敏锐感更为突出。它完全嗅到大雨即将来临：它“鼓扑着双翅，做出的猛烈的声响腾上了”。“接着听见它有力的鸣声，如用一个巨大的心的呼号，或是在黑暗里寻找伴侣的叫唤”，作者以鸽群、鸭群、山鹰的不同往常的表现，生动地渲染了大雨来临前夕的紧张气氛。虽然大雨还没有来，但人们却可以从这些小动物的异常行动中，深信大雨必然来临。

作者渴望大雨早些来临，动物的反常也表明大雨将至。然而雨却“迟疑”着，这是多么叫人不安的时刻。恰恰在这个时候，作者做了两个梦。在梦中，作者回到了故乡：一次他想起在故乡听到的雷声和雨声：“那隆隆的有力的搏击，从山谷反响到山谷”；另一次，是作者想起放雏鸭的人：“一大群鹅黄色的雏鸭游牧在溪流间”。

眼前之景，是那时整个社会空气的形象比拟，也是作者当时心态的写照，而回忆之景，传达出一种对希望的渴求，对理想的追寻。一实一虚，对比鲜明，委婉曲折地抒写了尚未走上革命道路的小资产阶级知识分子既不满于黑暗现实，又找不到出路的忧郁感伤的情绪。这对我们了解当时青年的思想状态具有一定的认识价值。

当人们读完这篇散文后，不禁要问，大雨究竟来了没有？“然而雨还是没有来”。这是全文最后一句话。真是绝妙的一笔。妙就妙在作者在文中设置的悬念还是那么强有力的控制着读者的思绪，即使在掩卷之后还是在想：这雨来了没有？他们的思绪仍处于积极的再创造中。至此，我们不能不佩服作者创造氛围的技艺的高明，虽然全文不过千字，但却画面纷呈，余音袅袅。

四、《雷雨前》①

茅盾②

清早起来，就走到那座小石桥上。摸一摸桥石，竟像还带点热。昨天整天里没有一丝儿风。近晚响了一阵子干雷，也没有风，这一夜就闷得比白天还厉害。天快亮的时候，这桥上还有两三个人躺着，也许就是他们把这些石头又困得热烘烘。

雷雨前的天空

满天里张着个灰色的幔。看不见太阳。然而太阳的威力好像透过了那灰色的幔，直逼着你头顶。

河里连一滴水也没有了，河中心的泥土也裂成乌龟壳似的。

---

① 选自《茅盾全集》第十一卷，人民文学出版社1986年版。

② 茅盾（1846～1981），我国现代作家，“五四”新文学运动先驱之一。原名沈德鸿，字雁冰，“茅盾”是1926年发表第一部小说《幻灭》时用的笔名。代表作有小说《蚀》、《三人行》、《子夜》、《春蚕》、《秋收》、《残冬》、《林家铺子》、《腐蚀》、《霜叶红于二月花》等，剧本《清明前后》、散文《白杨礼赞》等。

田里呢，早就像开了无数的小沟，——有两尺多阔的，你能说不像沟么？那些苍白色的泥土，干硬得就跟水门汀差不多。好像它们过了一夜功夫还不曾把白天吸下去的热气吐完，这时它们那些扁长的嘴巴里似乎有白烟一样的东西往上冒。

站在桥上的人就同浑身的毛孔全都闭住，心口泛淘淘，像要呕出什么来。

这一天上午，天空老张着那灰色的幔，没有一点点漏洞，也没有动一动。也许幔外边有的是风，但我们罩在这幔里的，把鸡毛从桥头抛下去，也没见他飘飘扬扬踱方步。就跟住在抽出了空气的大筒里似的，人张开两臂用力行一次深呼吸，可是吸进来只是热辣辣的一股闷。

汗呢，只管钻出来，钻出来，可是胶水一样，胶得你浑身不爽快，像结了一层壳。

雷雨前的天空

午后三点钟光景，人像快要干死的鱼，张开了一张嘴，忽然天空那灰色的幔裂了一条缝！不折不扣一条缝！像明晃晃的刀口在这幔上划过。然而划过了，幔又合拢，跟没有划过的时候一样，透不进一丝儿风。一会儿，长空一闪，又是那灰色的幔裂了一次缝。然而中什么用？

像有一只巨人的手拿着明晃晃的大刀在外边想挑破那灰色的幔，像是这巨人已在咆哮发怒越来越紧了，一闪一闪满天空瞥过那大刀的光亮，隆隆隆，幔外边来了巨人的愤怒的吼声！

猛可地闪光和吼声都没有了，还是一张密不通风的灰色的幔！

空气比以前加倍闷！那幔比以前加倍厚！天加倍黑！

你会猜想这时那幔外边的巨人在揩着汗，歇一口气；你断得定他还要进攻。你焦躁地等着，等着那挑破灰色幔的大刀的一闪电光，那隆隆隆的怒吼声。

可是你等着，等着，却等来了苍蝇。它们从龌龊的地方飞出来，嗡嗡嗡的，绕住你，叮你的涂一层胶似的皮肤。戴红顶子像个大员模样的金苍蝇刚从粪坑里吃饱了来，专拣你的鼻子尖上蹲。

也等来了蚊子。哼哼哼地，像老和尚念经，或者老秀才读古文。苍蝇给你传染病，蚊子却老实要喝你的血呢！

你跳起来拿着蒲扇乱扑，可是赶走了这一边的，那一边又是一大群乘隙进攻。你大声叫喊，它们只回答你个哼哼哼，嗡嗡嗡！

外边树梢头的蝉儿却在那里唱高调："要死哟！要死哟！"

你汗也流尽了，嘴里干得像烧，你手里也软了，你会觉得世界末日也不会比这再坏！

然而猛地电光一闪，照得屋角里都雪亮。幔外边的巨人一下子把那灰色的幔扯得粉碎了！轰隆隆，轰隆隆，他胜利地叫着。胡——胡——挡在幔外边整整两天的风开足了超高速度扑来了！蝉儿噤声，苍蝇逃走，蚊子躲起来，人身上像剥落了一层壳那么一爽。

霍！霍！霍！巨人的刀光在长空飞舞。

轰隆隆，轰隆隆，再急些！再响些吧！

让大雷雨冲洗出个干净清凉的世界！

《雷雨前》发表于1934年，登在《漫画生活》月刊第1期（1934年9月20日出版）。

这篇作品写作的时代背景是：中国革命已经从大革命失败时的低潮转入30年代前半期，以农村包围城市的革命浪潮不断掀起、不断深入。作品反映了当时国民党反动派白色恐怖的黑暗统治，表达了革命者奋力摧毁国民党反动统治的昂扬斗志，对革命充满胜利的信心。

根据我们的生活经验，雷雨前总是会出现闷热的天气。但是在作者笔下，雷雨前的闷热却非同一般：从清早起来就热。对此，作者从上到下、由远及近、从触觉到视觉做了全方位的描写，多角度来渲染清早的闷热氛围。带热的桥石，露宿的人，灰色的幔，枯竭的河，干裂的田……而且，还运用了夸张、比喻、拟人等多种修辞手法，如泥土“干硬得就跟水门汀差不多”，

"它们那些扁长的嘴巴里似乎有白烟一样的东西往上冒。"使闷热的氛围更为形象具体。读到这里，读者也会感觉到如同被一团闷热的空气包围着，期待着雷雨的到来，但作者到此并没有罢休，而是继续着力描写午后的环境：不仅是天气酷热，而且苍蝇蚊子也趁机肆虐作恶。"空气比以前加倍闷！那幔比以前加倍厚！天加倍黑！"这里的3个"加倍"，3个感叹号，便把黑暗闷热的氛围也推到了极致。

作者不仅在文中极力渲染闷热的氛围，而且有意识地把这种氛围集中于人的感觉。早晨时是"浑身的毛孔全都闭住"；到了上午就成了"汗呢，只管钻出来，钻出来"；最后是"汗也流尽了，嘴里干得像烧，你手里也软了"。而身体感觉的升级又导致了心理感觉的升级，从"心口泛淘淘，像要呕出什么来"。到人已经"像快要干死的鱼"。"会觉得世界末日也不会比这再坏"！由此，作者通过独具匠心的描写，把雷雨前人的感受也一步步推到了忍耐的极限，对雷雨的期待也推到了顶点。

这一系列逼真的描述给人以身临其境、身受其害的真切感受，所激起的扑息闷热、改变环境的渴求也愈来愈烈，使处在国民党反动派制造的白色恐怖之中的读者自然地由自然环境联想到重压的政治环境，自然地接受了作品的象征性寓意，也很自然地了解"执刀巨人"这一象征性形象，会赞赏和支持其奋力砍幔的举动，甚至也和他一起"咆哮发怒"，这是在逼真描写中寓以象征意义的成功之处。

作者用"让大雷雨冲洗出个干净清凉的世界"作全文的结束语，表达出了千千万万人民的共同愿望，作者的感情也由此得到了升华。“灰幔”与“巨人”的斗争以灰幔的失败而告终，读者从作者饱蘸感情色彩的字里行间领略到了“旧世界一定毁灭，新世界一定诞生”信念的份量。

作者写“雷雨前”那密云不雨的郁闷腻热和雷雨将作的霹雷闪电的气势与氛围，使人想起曹禺的剧作《雷雨》；写执刀巨人搏击灰色的幔，写苍蝇、蚊子和蝉儿的蠢动，并以作者自己的口气呼唤大雷雨，使我们想起高尔基的散文诗《海燕》。文学史上的这些大作家们，都运用了象征手法，都各以其独特的创作与审美观点把现实生活提供的素材精心提炼，把我们带到他们精心构造的艺术境界，给人以思想熏陶，给人以美的享受。

文坛上描写雷雨前后景色的高手屡见不鲜，但在一篇近一千来字的文章里，将这么重大社会意义的主题和自然景色结合起来，而且结合得如此形象，如此妥贴的作者，大概为数不多，《雷雨前》显示出了茅盾先生精以娴熟的散文结构艺术。

五、《雷电颂》①

郭沫若②

风！你咆哮吧！咆哮吧！尽力地咆哮吧！在这暗无天日的时候，一切都睡着了，都沉在梦里，都死了的时候，正是应该你咆哮的时候，应该你尽力咆哮的时候！

尽管你是怎样的咆哮，你也不能把他们从梦中叫醒，不能把

---

① 本文节选自我国文学家郭沫若先生创作的历史剧《屈原》中的第五幕。

② 郭沫若（1892～1978），原名开贞，曾用名郭鼎堂、麦克昂等。四川乐山人。现当代诗人、剧作家、历史学家、古文字学家。著有历史剧《蔡文姬》、《武则天》，诗集《新华颂》、《百花齐放》、《骆驼集》，文艺论著《读（随园诗话）札记》，《李白与杜甫》等。

死了的吹活转来，不能吹掉这比铁还沉重的眼前的黑暗，但你至少可以吹走一些灰尘，吹走一些沙石，至少可以吹动一些花草树木。你可以使那洞庭湖，使那长江，使那东海，为你翻波浪，和你一同地大声咆哮呵！

屈 原

啊，我思念那洞庭湖，我思念那长江，我思念那东海，那浩浩荡荡的无边无际的波澜呀！那浩浩荡荡的无边无际的伟大的力呀！那是自由，是跳舞，是音乐，是诗！

啊，这宇宙中的伟大的诗！你们风，你们雷，你们电，你们在这黑暗中咆哮着的，闪耀着的一切的一切，你们都是诗，都是音乐，都是跳舞。你们宇宙中伟大的艺人们呀，尽量发挥你们的力量吧。发泄出无边无际的怒火把这黑暗的宇宙，阴惨的宇宙，爆炸了吧！爆炸了吧！

雷！你那轰隆隆的，是你车轮子滚动的声音？你把我载着拖到洞庭湖的边上去，拖到长江的边上去，拖到东海的边上去呀！我要看那滚滚的波涛，我要听那鞺鞺鞳鞳的咆哮，我要飘流到那没有阴谋、没有污秽、没有自私自利的没有人的小岛上去呀！我要和着你，和着你的声音，和着那茫茫的大海，一同跳进那没有边际的没有限制的自由里去！

啊，电！你这宇宙中最犀利的剑呀！我的长剑是被人拔去了，但是你，你能拔去我有形的长剑，你不能拔去我无形的长剑呀。电，你这宇宙中的剑，也正是，我心中的剑。你劈吧，劈吧，劈吧！把这比铁还坚固的黑暗，劈开，劈开，劈开！虽然你劈它如同劈水一样，你抽掉了，它又合拢了来，但至少你能使那光明得到暂时间的一瞬的显现，哦，那多么灿烂的、多么眩目的光明呀！

暴风雨即将来临

光明呀，我景仰你，我景仰你，我要向你拜手，我要向你稽首。我知道，你的本身就是火，你，你这宇宙中的最伟大者呀，火！你在天边，你在眼前，你在我的四面，我知道你就是宇宙的生命，你就是我的生命，你就是我呀！我这熊熊地燃烧着的生命，我这快要使我全身炸裂的怒火，难道就不能迸射出光明了吗？炸裂呀，我的身体！炸裂呀，宇宙！让那赤条条的火滚动起来，像这风一样，像那海一样，滚动起来，把一切的有形，一切的污秽，烧毁了吧！烧毁了吧！把这包含着一切罪恶的黑暗烧毁了吧！把你这东皇太一烧毁了吧！把你这云中君烧毁了吧！你们这些土偶木梗，你们高坐在神位上有什么德能？你们只是产生黑暗的父亲和母亲！

你，你东君，你是什么个东君？别人说你是太阳神，你，你坐在那马上丝毫也不能驰骋。你，你红着一个面孔，你也害羞吗？啊，你，你完全是一片假！你，你这土偶木梗，你这没心肝的，没灵魂的，我要把你烧毁，烧毁，烧毁你的一切，特别要烧毁你那匹马！假如你是有本领，就下来走走吧！什么个大司命，什么个少司命，你们的天大的本领就只有晓得播弄人！什么个湘君，什么个湘夫人，你们的天大的本领也就只晓得痛哭几声！哭，哭有什么用？眼泪，眼泪有什么用？顶多让你们哭出几笼湘妃竹吧！但那湘妃竹不是主人们用来打奴隶们的刑具么？你们滚下船来，你们滚下云头来，我都要把你们烧毁！烧毁！烧毁！

哼，还有你这河伯……哦，你河伯！你，你是我最初的一个安慰者！我是看得很清楚的呀！当我被人们押着，押上了一个高坡，卫士们要歇脚，我也就站立在高坡上，回头望着龙门。我是看得很清楚，很清楚的呀！我看见婵娟被人虐待，我看见你挺身而出，指天画地有所争论。结果，你是被人押进了龙门，婵娟也被人押进了龙门。

但是我，我没有眼泪。宇宙，宇宙也没有眼泪呀！眼泪有什么用呵？我们只有雷霆，只有闪电，只有风暴，我们没有拖泥带水的雨！这是我的意志，这是宇宙的意志。鼓动吧，风！咆哮吧，雷！闪耀吧，电！把一切沉睡在黑暗怀里的东西，毁灭，毁灭，毁灭呀！

《屈原》写于1942年1月，当时抗日战争正处于相持阶段，国发党反动派对外妥协退让，对内实行专制，压制进步舆论，消极抗日，积极反共。《屈原》塑造了伟大的爱国诗人和杰出的政治家屈原的光辉形象。作者的意图不在于再现历史上屈原的精神品质，而是“把这时代的愤怒复活在屈原时代去”，是“借了屈原的时代象征我们当前的时代”，启示人们认识国民党反动派坚持反动立场、破坏国共两党的抗日民族统一战线，对内镇压爱国力量、对外向日本帝国主义投降妥协的真面目。

第五幕是全剧高潮，也是最精彩之处，“雷电颂”是全剧思想、精神、艺术上高度升华的集中体现，开篇屈原即借风雷电抒发满腔激愤。

屈原悲壮沉雄的呼唤；呼唤着风咆哮起来，将沉睡人们震醒，将比铁还沉重的黑暗震破，将死的吹活起来；呼唤那轰隆隆的雷声“我要看那滚滚的波涛，我要听那鞺鞺鞳鞳的咆哮，我要漂流到那没有阴谋、没有污秽、没有自私自利的没有人的小岛上去呀！”他呼唤电：“你这宇宙中的剑，也正是，我心中的剑。”辟开比铁还坚固的黑暗，咆哮的风，轰隆隆的雷，最犀利的剑（电），似一股从雪域高山里喷涌而出的山洪，似一支裹着秦汉雄风的神兵勇将，似万马奔腾、排山倒海、势不可挡，把屈原那吞吐天地的悲愤之情与暴风雨般的坚毅性格形象再现出来。这是用生命的血肉凝铸成的诗，是与风雷同化的诗，也是作者他那贮满溶岩的心胸里爆发出来的无穷的电光石火，“把这包含着一切罪恶的黑暗烧毁吧！”“把一切沉睡在黑暗怀里的东西毁灭，毁灭，毁灭呀！”“我要把你们烧毁！烧毁！烧毁！”如果说前几幕是从不同侧面显示了屈原这些精神品质的话，那么，这第五幕便是以愤怒与毁灭为核心，是屈原层层淤积的悲愤情感的总爆，也是屈原那不屈不挠的伟大精神的象征。屈原将自己的一腔冤屈与愤恨同猛烈咆哮的风雷电融为一体，发出震天动地的呼喊：“你们风，你们雷，你们电，你们在这黑暗中咆哮着的、闪耀着的一切的一切……发泄出无边无际的怒火，把这黑暗的宇宙，阴惨的宇宙，爆炸了吧！爆炸了吧！”这些凝聚着屈原亦即作者的生命血肉的诗的语言，憎恨黑暗、景仰光明、毁坏偶像、思念人民的伟大精神，震撼着广大读者和观众的心灵，体现了屈原这个艺术形象的鲜明个性——热情奔放、刚直坚毅、飓风雷电般的冲击精神。

雷电独白是一首反抗腐败，歌颂正直的颂歌，同时也具有鲜明的时代特色与思想倾向，如周恩来指出的：“《雷电颂》是郭老代表国统区对国民党反动派的控诉！”

六、《暴风雨——大自然的启示》

【意】费拉里斯①

闷热的夜，令人窒息，我辗转不寐。窗外，一道道闪电划破

① 拉法埃莱·弗拉里斯：意大利作家，主要作品有《暴风雨》、《橡树》。本文由李国庆译。

漆黑的夜幕，沉闷的雷声如同大炮轰鸣，使人悸恐。

一道闪光，一声清脆的霹雳，接着便下起了瓢泼大雨，宛如天神听到信号，撕开天幕，把天河之水倾注到人间。

暴风雨来临之前

狂风咆哮着，猛地把门打开，摔在墙下，烟囱发出呜呜的声响，犹如在黑夜中抽咽。

大雨猛烈地敲打着屋顶，冲击着玻璃，奏出激动人心的乐章。

一小股雨水从天窗悄悄地爬进来，缓缓地蠕动着，在天花板上留下弯弯曲曲的足迹。

不一会，铿锵的乐曲变成节奏单一的旋律，那优柔、甜蜜的催眠曲，抚慰着沉睡人儿的疲惫躯体。

从窗外躲进来的第一束光线，报道了人间的黎明，碧空中漂浮着朵朵白云，在和煦的微风中翩然起舞，把蔚蓝色的天空擦拭得更加明亮。

鸟儿唱着欢乐的歌，迎接着喷薄欲出的朝阳；被暴风雨压弯了腰的花草儿伸着懒腰，宛如刚从睡梦中苏醒；偎依在花瓣、绿叶上的水珠，金光闪闪，如同珍珠闪烁着光华。

常年积雪的阿尔卑斯山迎着朝霞，披上玫瑰色的丽装；远处林舍闪闪发亮，犹如姑娘送出的秋波，使人心潮激荡。

江山似锦，风景如画，艳丽的玫瑰花散发出阵阵芳香。

绮丽华美的春色啊，你是多么美好！

昨晚，狂暴的大自然似乎要把整个人间毁灭，而它带来的却是更加绚丽的早晨。

有时，人们受到种种局限，只看到事物的一个方面，而忽略了大自然整体那无与伦比的和谐的美。

《暴风雨——大自然的启示》是一篇文笔优美、寓意深刻的散文。

全文共有 8 小节，虽然每节内容简要，但语言精练、用词准确。根据事情的发展顺序，可以将全文分为“暴风雨之夜”（1 ~ 5）和“雨后黎明”（6 ~ 8）两部分。

这篇散文字里行间涌动着作者的情感：从暴雨来临前的“闷热窒息”、“电闪雷鸣”、“使人悸恐”到“狂风咆哮”、“瓢泼大雨”，再由“激动人心的乐章”转为“甜蜜的催眠曲”，最终“从窗外射进来的第一束光线，报道了人间的黎明”。作者无论是在暴风雨前，暴风雨中，还是在暴风雨后，始终以感情变化为线索：使人悸恐——激动人心——心潮激荡。

本文是一篇带有深沉含义的写景散文，全文虽然没有大段的表达自己的意见，却能引起读者的深层次的思考!

作者大量运用比喻、拟人等修辞手法以及准确地使用动词，将多种事物赋予极大的生命力。比如，课文一开始写了暴风雨来临之前的令人惊恐的场景：闷热的天，漆黑的夜，沉闷的雷，此时此刻，此情此景，仿佛一下子把人带入一幅令人心悸的画面之中，山雨欲来风满楼已不能形容。电闪霹雳之下，暴雨骤然而至，你看：一个“撕”字、一个“瓢泼”、一个“倾注”、一个“敲打”、一个“冲击”，使人感到怎一个“暴”字了得?

再比如，“烟囱发出呜呜的声响，犹如在黑夜中哽咽”可以看出作者此时的心情仍然很糟，因为暴风雨来临之前他就因为闷热的夜，令人窒息，而辗转不眠。

在写作手法上主要采用了对比的写法，将自然界的两种美：雄壮之美和柔和之美形成鲜明的对比，达到一种视觉、听觉的强烈反差，使读者深刻地体会到作者对暴风雨的喜爱！而这两种美之间又是那样的密切，没有昨夜的暴风雨，今天的柔和之美体会得可能就没有那么深刻，从中我们也能感受到阳光总在风雨后的酣畅淋漓。看得出作者从司空见怪的天气变化中揭示了深刻的哲理：事物有阴暗又有光明，但终究会走向光明。而这阴暗与光明的对立变化，才是世界辩证和谐的美。

七、《惊雷》

小思①

雷雨正交加，我撑一把伞，孤身在坦然无蔽的山路上走，一个过路人也没有。从没有过的惊惧，与一闪的电光同时掠过我心头——就在不迟不早，不偏不倚，假如，这电光，正正击在我身上，猝然我就死了，没多一句话，来不及向世界说出我的感觉，向我眷恋的人说出我本该说却从未说出的话，没交托好我未完的工作，猝然我就死了，那会怎样？

那条短短的山路，忽然变得好长好长。

雷电

雷声竟然如此有层次，有连绵的从远处声声递来，有断续

① 小思，原名卢玮銮，广东番禺人，1939年生于香港。1981年获香港大学硕士学位，为香港新文学史专家。现任中文大学讲师，著有《丰子恺漫画选绎》、散文集《路上谈》、《日影行》、《承教小记》、《不迁》、《香港文纵》等。

的自近处轰轰而去。我清楚分得出沉重的雷动是从左到右，在我头顶如何节奏不乱的横过。在雷动之前，无声的闪光，有时线路分明，有时却满天都是，像一口剑，像一个网。常识告诉我，置人於死地的就是这些闪光，遭雷殛的人，应该听不见比光迟来的雷声。我往往心脏抽搐地紧张的等待：电光过后而雷声未至的那段时间过去。紧紧握着伞，不是怕风吹雨打去，而是，作为惟一的依靠。它已失去挡雨的作用，狂风翻折了伞骨，我仍紧紧握住它，忽兴彼此共生死的承诺。

加快脚步，路却仍很长很长！

穹苍震怒，老人家说过雷要电死不孝的人，我没有做过不孝的事，如果死於雷殛，我是不服气的。但，电光一闪，我就猝然死了，连分辨的机会也没有，那怎样办？

也许，我真的做了不孝的事，只是自己一直不知道，这样的惩罚，还是没让我明白过错，那怎么办？

一阵电光之后，竟然长久死寂。

我孤身紧握破伞，加快脚步，抽搐的心，在等待震破天庭而来的大雷。

此文以观察见长，于外在雷声，观察感觉极为细致，于自己内心，体味感悟极为真切。

文章写雷声，写得极有层次，“有连绵的从远处声声递来，有断续的自近处轰轰而去。”写闪电，形态各异，“有时线路分明，有时却满天都是，像一口剑，像一个网。”对声和光的描绘都是那样的逼真，也让人心生紧张。

作者对自己的恐惧内心的描绘，让人深切地体会到作者的心境，"紧紧握着伞，不是怕风吹雨打去，而是，作为惟一的依靠。"接下来，作者反顾自身，对自己的作为进行了一番检讨。

小思的文章短小精悍，常有出人意表之思，从《惊雷》中可见一斑。

八、描写雷电的精彩语段

在文学作品里，所有的景物描写都是为主题服务的。要么渲染环境，要么暗示情节，要么烘托心理，等等。以下关于雷电描写的精彩语段，其实都是为文章中人物的情绪、情节、环境的变化等服务的。

雷　雨

大雨像一片巨大的瀑布，从西北的海滨横扫着昌潍平原，遮天盖地地卷了起来。雷在低低的云层中间轰响着，震得人耳朵嗡嗡地响。闪电，时而用它那耀眼的蓝光，划破了黑沉沉的夜空，照出了在暴风雨中狂乱地摇摆着的田禾，一条条金线似的鞭打着大地的雨点和那在大雨中吃力地迈动着脚步的人影。一刹那间，电光消失了，天地又合成了一体，一切又被无边无际的黑暗吞没了。对面不见人影，四周听不到别的响声，只有震耳的雷声和大雨滂沱的噪音。

——峻青《黎明的河边》

然而猛可地电光一闪，照得屋角里都雪亮，幔外边的巨人一下子把那灰色的幔扯得粉碎了！轰隆隆，轰隆隆，他胜利地叫

雨 夜

着。呼——呼——挡在幔外边整整两天的风开足了超高速度扑来了！蝉儿噤声，苍蝇逃走，蚊子躲起来，人身上像剥落了一层壳那么一爽。霍！霍！霍！巨人的刀光在长空飞舞，轰隆隆，轰隆隆，再急些！再响些吧！让大雷雨冲洗出个干净清凉的世界！

——茅盾《雷雨前》

我们刚回到住所，突然风雨大作，雷声隆隆。风声、雨声、涛声交织成一片。我伫立在门旁，只见北海怒涛翻滚，咆哮奔腾；骤雨抽打着地面，沙飞水溅，迷蒙一片；那萧索的荒草仿佛化成了一把把锋利的钢刀，在暴风中拼命地摇撼着、呼叫着……天地间，好像有千军万马在驰聘，在前进。只有那绿水角的灯塔，顶风沐雨地挺立着，毫不动摇。

——顾炯《绿水角》

风雨漫天而来！大家从廊上纷纷走进自己屋里，拼命地推着关上门窗。白茫茫里，群山都看不见了。急雨打进窗纱，直击着玻璃，从窗隙中溅了进来。狂风循着屋脊流下，将水洞中积雨，吹得喷泉一般地飞洒。我的烦闷，都被这惊人的风雨，吹打散了。单调的生活中，原应有个大破坏。

——冰心《寄小读者通讯十三》

一阵冷风从坑底卷上来，正在流着汗的人们竟被激动得起了寒噤！一道长长宽宽的闪电划破了整个夜空，使所有山谷底人和物被照亮了有一秒钟。接着不久，就是一响暴烈的雷声，它几乎要把整个的宇宙震碎了似的爆响着。要来的暴风雨终于到来了，那沉重的飙急的大雨点和了风漩，竟如拧在一起的一条条残酷的鞭子似的，从天空凶猛地抽打下来了。它抽打到山顶谷底，毫无怜惜地抽打到人底头脸和周身……

——萧军《五月的矿山》

雷雨前后

一天下午，俞伯牙从海滨散步回家。天空阴云密布，黑压压的，气候又湿又闷，没有一丝儿风，山林和海洋像死一般的沉寂，闷得人简直气都喘不过来。忽然，天顶上裂开了一道道的缝，一条条银蛇在云端里直窜。白色的闪电照亮了海面，轰隆隆的雷声紧跟着响起来。倾盆大雨哗哗地往海面上直泼，狂风从四面八方吹来，呼呼地咆哮着，仿佛把海水翻了个底儿，又搅乱了山顶上的松林。巨浪一个紧接着一个扑向岸边的岩石。雷声、雨声、浪声，还有山上的松涛声，混成一片，猛烈地震撼着天地。

——陈伯吹、沈家英《俞伯牙作曲》

闷　雷

大地似乎是沉沉地入睡了。然而，雷却在西北方向隆隆的滚动着……声音沉闷而又迟钝。闪电，在辽远的西北天空里，在破棉絮的黑云上，呼啦呼啦的燃烧着。

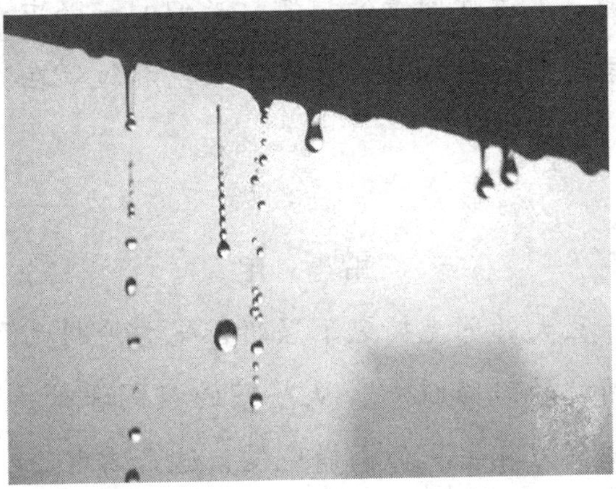

雨　水

——峻青《黎明的河边》

闪　电

傍晚时分，天空密布着浓云，闪电像毒蛇吐舌似的时时划破了长空的阴霾。林白霜呆坐在外滩公园靠浦边的一株榆树下。在他眼前，展布着黄浦的浊浪；在他头上，树叶索索地作声像是鬼爬；在他心里，沸腾着一种不知是什么味儿的感想。

……

蓦地一片飙风吹出了悲壮的笳声，闪电就像个大天幕似的往下一落，照得四处通明；跟着就是豁剌剌地一个响雷。粗大的雨点打在树叶子上，错落地可以数得清。林白霜并没动，他只睁大了眼睛向四面扫视。无名的怅惘逃走了，新精神在他的血管里蠢动。

……

雨，不知在什么时候停止了；闪电尚时一照耀，然而很温和地，像是微笑。在这些间续的掠海灯光似的一瞥中，林白霜的迷惘的眼前便呈现了一段渐转淡蓝色的长空和簸荡在波浪上的几个小划子。

——茅盾《色盲》

雷 电

一刹那，巨大的闪光撕裂了黑暗，吃力地抖动了几下，又恼怒地把不肯俯就的隆隆吼叫，从茫茫的空间深处，从八极之外，推涌过来，似剑刀相击，似山崩地裂，这是雷电。

——朱春雨《亚细亚瀑布》

黑暗的天空，一下给闪电照亮了，对面的楼房，鲜明地显了出来，立即沉没在黑暗里去。跟着一下雷声，把窗子都震得发抖。雨点从房檐上落下来，溅在地上，越发响得厉害。母亲望望窗外，叹气地说："真是下疯了，越下越大。"

——艾芜《雨》

漆黑的天空，漆黑的两岸，漆黑的河水，暴雨不分丝缕，像整块幕布沉重地覆盖下来。雨水泼在脸上，使人喘不出气。

远方忽然吐出一片耀眼的、惨白的火，愤怒的雷声传来；群山响应着，经久不息，好像有许多空木桶从左岸滚到右岸，又从右岸滚到左岸。等雷声稍歇，又是闪电，这次近多了，呈奇形怪状的树枝形向四面八方伸展，将整个天空切割得支离破碎。……突然，在我们头顶五六丈的上空，发出一声可怕的霹雳，闪电像利剑一样直插下来，天空被彻底破裂了，震碎了！我急忙蹲下，捂起嗡嗡作响的耳朵，屏住呼吸，仿佛感觉到天空的碎片，纷纷落到我的头上、背上。

——叶蔚林《在没有航标的河流上》

沉闷的雷声越来越大，它似乎要冲出浓云的束缚，撕碎云层，解脱出来。那耀眼的闪电的蓝光急骤驰过，克嚓嚓的巨雷随之轰响，震得人心收紧，大地动摇。

——冯德英《苦菜花》

沉重的雷声，在山峰上滚动着，金色的、凶恶的、细瘦而美丽的电火，在浓密的活动着的黑云里，疯狂地闪灼着。有一种轻微而神秘的声音在大地上运动，突然地一个大雷在田地底顶空爆炸，好像什么巨大的建筑突然地倾倒了。

——路翎《王兴发夫妇》

霎时间，森林里传来让人心惊胆颤的吼声。随着这吼声，尘土漫天，树叶乱飞。突然，天，一下子便黑乌乌地压下来了。整个天空，都是炸雷的响声，震得人耳朵发麻；锯齿形的电光，不时地冲撞天空，击打山峰！转眼之间，三滴一大碗的雨点，敲打着嘉陵江，敲打着高山峻岭……

——杜鹏程《在和平的日子里》

天空的云彩，还在调兵遣将，似乎总觉得还没有布置妥当。云彩翻滚着，互相汇合着，分散时，又与另一块汇合起来。一切云块的方向都朝着村子北边，电光像有光的带子在山顶上迅速地闪灼，其迅速的程度使人的眼睛来不及看出这带子的形状。山头，村子和树木在闪电中忽而明朗地恍如白昼，忽而又归入无边无际的黑夜中去了。

——柳青《种谷记》

满个昏黯的窟窿又骤亮了一下，闪过一条曲折的虹，鲜红赛过霞光，又像一朵耀眼的玫瑰，穿在一支金箭上在云里迅速的冲刺了一下，再；什么也没有了，连绵不绝的雷就跟踪出现。炸裂，黝黑，静寂，电闪，黝黑，雷，交替着。

——严文井《风雨》

震撼着草原和天空的雷声现在响得这么厉害，而且这么匆忙，好像每一声雷响都要告诉大地一桩对它非常重要的事情；雷声一个一个地互相追逐，差不多一直不停地在吼叫。给闪电拉破了的天空在打战，草原也在打战，一会儿有一道深蓝色的火光照亮了整个草原，一会儿草原又陷进一种冰冷的、沉重的、浓密的黑暗里去。

——【苏】高尔基《阿尔希普爷爷和廖恩卡》